U0080490

10大名店

Petit Gâteau

幸福小蛋糕

主廚代表作

パティスリー ジラフ

Pâtisserie La Girafe

攝影／東谷幸一

傳統中揉和創意與料理感覺
展現小蛋糕強烈的存在感

　　拉開厚重的店門，立即可見陳列「正統法國甜點」的展示櫃。櫃中的每個甜點似乎都在展現自我的強烈個性。在猶如巧克力工廠般放著繽紛巧克力的貨架上，還陳列著烤到恰到好處的半烘焙類甜點、塔類甜點及果醬等。

　　建立如此豐富商品架構者正是本鄉純一郎先生。該店的小蛋糕中，古典與現代比例為4：6，那是因主廚認為「傳統一定得繼承延續，但是，光傳承無法表現個人的獨創性」。以法國甜點的技術為基礎，加上時代的創意，和源於料理的靈感所完成的甜點，才能傳達製作者的氣魄。每天在該店傳統風格的大廳中，享受蛋糕、紅茶和熱巧克力等的顧客絡繹不絕，喧鬧人聲直到打烊方休。

店內約有20種塔、蛋糕類甜點。包括加入大量堅果和水果乾的「法式蒙蒂安（Mendiant）巧克力」及鹹味焦糖的「巧克力馬卡龍」等。依不同季節，果醬口味多少有增減，包括「柳橙果醬」、「紅色水果醬」等4～5種。該店也有網購服務。

平時展示櫃中約有21～22種小蛋糕。諸如具代表性的古典法式甜點「巧克力千層派」、「阿里巴巴蛋糕」，以及「香蕉塔」這類傳統中加入創意的時尚甜點，都十分吸引顧客。順帶一提，「香蕉塔」是由「Coquelin Aine」店的招牌甜點「愛之井（Puits d'Amour）蛋糕」改良而成。該店任何甜點都充分使用原素材，一個小蛋糕中猶如融入整顆蘋果般，讓人充分享受濃縮的美味與香味。

自1994年開店起，即開始製作巧克力甜點。除了13～14種口味的松露巧克力和巧克力球外，還有「蜜橙巧克力（Orangette）」這類裹上小荳蔻和薑風味的果仁糖的「焦糖杏仁巧克力」等，種類豐富多彩。日後預定會變化內餡素材增加新的口味。目前已有橄欖和紅棗的新口味。

古典風格家具搭配白色窗簾的大廳。包括沙發座共14位席。搭配蛋糕的飲料種類也很多樣化，包括法國「Le Palais des Thes」的紅茶、熱巧克力、熱紅酒（Vin chaud）、冰淇淋等。

Pâtissier

經營者兼甜點主廚
本鄉 純一郎
Junichiro Hongo

1967年生於富山市。曾於大阪阿倍的「辻」調理師學校學習西洋料理，後進入富山市法式餐廳工作。21歲時，以成為專業甜點主廚為目標。當時，進入位於大阪的法國Pâtisserie＆E'picerie老店「Coquelin Aine」（巴黎總店於1996年結束），在該店學習法國甜點的基礎，之後進入飯店等地工作直到獨立開店。1994年在富山市根塚開設「Pâtisserie La Girafe」。2005年遷至現址。

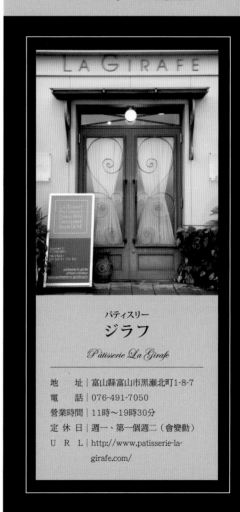

パティスリー
ジラフ
Pâtisserie La Girafe

地　址｜富山縣富山市黑瀨北町1-8-7
電　話｜076-491-7050
營業時間｜11時～19時30分
定 休 日｜週一、第一個週二（會變動）
U R L｜http://www.patisserie-la-girafe.com/

黑松露香味讓人聯想到餐桌上的料理
成人風味的巧克力蛋糕

雷必裘里安蛋糕

這是專為成人製作的巧克力蛋糕，能享受黑松露與干邑白蘭地高級美味的豪華組合。主廚將原為杯子甜點
（Verrine）的材料，製成小蛋糕的風格。是該店從11月長銷至4月的冬季招牌甜點。　945日圓

作法→P82｜Pâtisserie La Girafe

Point 1 ｜ 為了活用香味，用英式蛋奶醬的部分鮮奶煮松露，之後再混合

1 使用新鮮黑松露，製作松露布蕾鮮奶油。

2 在攪拌機中放入松露和整體的1/3量的鮮奶攪打。

3 從攪拌機中倒入鍋中，開火煮沸。直接加蓋鎖住香味。為避免香味流失，使用時不過濾。

Point 2 ｜ 英式蛋奶醬中加入有松露的鮮奶，放涼後加鹽和油

1 使用2/3量的鮮奶煮成英式蛋奶醬，加入吉利丁讓它完全融化後過濾。

2 將有松露香味的鮮奶倒入英式蛋奶醬中，充分混合。

3 放涼後，加入鹽和松露油。加鹽能突顯味道的輪廓，油能增強香味。

Point 3 ｜ 以干邑白蘭地使巧克力淋醬風味具衝擊感

1 將融化巧克力和煮沸的鮮奶混合，充分混合製成細滑的巧克力淋醬。

2 以可爾必思奶油增加風味，以干邑白蘭地形成味覺上的衝擊感。可爾必思奶油是在製造乳酸菌飲料「可爾必思」的過程中所生產，具鮮奶油的風味，可用於鮮奶油或奶油麵糊中。和烘焙類甜點中使用的發酵奶油分開運用。

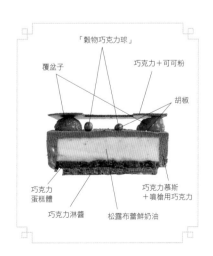

「穀物巧克力球」
覆盆子
巧克力＋可可粉
胡椒
巧克力蛋糕體
巧克力慕斯＋噴槍用巧克力
巧克力淋醬
松露布蕾鮮奶油

以巧克力、咖啡和蘭姆酒的香味，
包住栗子與堅果的秋季組合

橙香栗子蛋糕

這是以栗子作為主材料，再組合巧克力、咖啡和蘭姆酒的甜點。細柔的鮮奶油中，能
享受到分布在蛋糕體中大粒榛果的不同口感。　567日圓

作法→P83 │ Pâtisserie La Girafe

作法→P83

Point

巧克力蛋糕體
因烘烤後會擴大，
麵糊要擠小一點

1

將巧克力、加了鮮奶油的蛋黃、蛋白霜和粉類
大幅度的混拌，製成能流動、好擠出的柔軟麵
糊。

2

蛋糕體麵糊烘烤後會變得比擠製時還大，所以
製作直徑5cm蛋糕體的重點是，擠出的麵糊要
小一圈。

3

散放上切粗粒的榛果，放入上、下火均為
190℃的烤箱中約烤11分鐘。

巧克力（裝飾）
糖漬橙皮
噴槍用巧克力（牛奶巧克力＋葡萄籽油）
栗子奶油醬
可可粉
巧克力（抹薄片）
蘭姆巧克力淋醬
榛果
咖啡鮮奶油
巧克力蛋糕體

6

椰子慕斯中有羅勒巴伐露斯
以義式料理感覺製作的小蛋糕

椰子蘿勒鳳梨蛋糕

羅勒、莫札瑞拉起司和番茄，是義大利料理的基本組合，在這個蛋糕中組合蘿勒、椰子，而番茄的
酸味則改為鳳梨的酸味。是外觀與後味都十分清爽的夏季蛋糕。 535日圓

作法→P83 | Pâtisserie La Girafe

噴槍用巧克力
（白巧克力＋葡萄籽油）
蘿勒淋面
果凍膠
青醬巴伐露斯
青醬
椰子慕斯
椰子杏仁蛋糕體
百香果蜜煮鳳梨

Point

使用蘿勒葉柔軟的
部分，以「浸泡」的
要領汆燙

1

製作青醬。該店使用自家栽植的蘿勒。橄欖油
最好使用味道不太鮮明的產品。

2

粗葉脈製成青醬時會形成顆粒，所以要先剔
除。

3

在加鹽的熱水中迅速汆燙，放入冷水中定色。
擠乾水分，放在餐巾紙上徹底吸乾水氣，和橄
欖油一起用果汁機攪打成糊。這種狀態能冷凍
保存。

薰衣草巴伐露斯、蜂蜜牛軋糖、
色彩可愛又具浪漫氣息的蛋糕

普羅旺斯之花

說到普羅旺斯，總讓人連想到蜂蜜牛軋糖和薰衣草。薰衣草香水般的香味釋入鮮奶中，製成內餡巴伐露斯，
水果、檸檬、茴香酒等普羅旺斯相關的材料，以蜂蜜牛軋糖融合為一體。　525日圓

作法→P84｜Pâtisserie La Girafe

開心果　淋面
覆盆子　　　　薰衣草巴伐露斯
　　　　　　　半乾水果
檸檬鮮奶油
開心果杏仁蛋糕體　　蜂蜜牛軋糖

Point ┃ **蜂蜜牛軋糖的蛋白充分打發，再慢慢倒入糖漿**

1

蜂蜜具有黏性，受熱會膨脹。為避免溢出，放
在深鍋中熬煮糖漿。

2

在攪打發泡的蛋白中，慢慢倒入熱糖漿。因糖
漿是熱的，攪拌機的攪拌盆也會變熱，為了避
免之後混入的鮮奶油融化，攪拌盆須轉動至變
涼為止。

3

完成質地綿密的蜂蜜風味義大利蛋白霜。

熬煮變黏稠的無花果
組合口感酥鬆的奶酥

克麗奧佩德拉蛋糕

蛋糕中使用2個烤到完全焦糖化的黑色蜜煮無花果。與豪邁的外觀不同，蛋糕整體包覆著主廚希望表現
的水潤甜蜜滋味。奶酥的口感中還能嚐到調味料薑的味道。　588日圓

作法→P85｜Pâtisserie La Girafe

Point

在鍋裡熬煮無花果，
再以烤箱烘烤成
焦糖蘋果狀

1

無花果是富山縣產的紫果（Viollette de
sollies）品種。法國原產品種果肉柔軟、甜
美。無花果去蒂後連皮放入鍋中，加入薑、香
草、紅酒。採用南法最濃郁（full-bodied）的
葡萄酒。

2

煮沸後轉小火，熬煮到水分完全收乾。

3

攤放在淺鋼盤中，放入加熱至150℃的烤箱
中，烤到呈焦糖蘋果狀。

開心果＋　　　　黑醋栗果醬
杏仁片＋　　　　　　蜜煮無花果
糖粉　　　　　　　　給宏德的鹽

巧克力淋醬　　　　杏仁鮮奶油
肉桂奶酥

パティスリー　ルリジューズ

Pâtisserie Religieuses

首重素材。使用經認同的食材，
充分活用其原味邁向製菓之路

　　主廚覺得東京・世田谷不論房屋街景或當地居民的好奇心與豐富的表達能力等，都和他長住的法國類似，有一種親切熟悉感，因而決定在當地開店。不論店面或門前的陽傘，都用能增添熱鬧氣氛的紅色，店內牆上也貼上巴黎的人氣壁貼，以增添法國的氛圍。主廚為了讓顧客能清楚看到製作甜點的過程，本身也能直接與顧客交流，隨時招呼客人，店內只用大片玻璃拉門來區隔廚房和賣場。「我重視素材的原味，希望能表現超越素材的美味」如此表示的森主廚，其甜點特色是不使用香甜酒類、食用色素與香料，可喜的是連孩子也適合食用。在日本買不到的材料，主廚透過目前仍留在巴黎的辦事處直接進口，他不妥協的堅持態度，也充分反映在他的甜點中。

主廚在巴黎時期，據說泡芙和使用大量季節水果的塔，兩者的回頭客並列第一。餐廳常備用這2種甜點作為餐後甜點，其他才依照客人點單製作。輕食類的義式三明治也極受歡迎。

製作成「小狗布布」腳印形狀般的餅乾「布布散步」，也被當地評選為「世田谷特產」。

和小蛋糕同樣用心製作的烘焙類甜點。主廚使用法國產麵粉和發酵奶油，口感和風味都很豐富。

排放繽紛多彩的烘焙類甜點的櫃子，是深具韻味的古董家具。

該店的招牌犬「小布布」非常溫馴親人，博得的人氣與甜點不分軒輕。

女性顧客挑選的飾品，可和甜點組合包裝作為禮物，深受顧客好評。

經營者兼甜點主廚

森 博司
Hiroshi Mori

1970年生於日本福井縣，曾於祖父在東京押上所經營的和菓子店磨練甜點技術。1990年赴法，在三星級餐廳「Guy Savoy」集團擔任甜點主廚，後於巴黎獨立開店。該店在當地也提供和菓子及揉和日本風味的西式甜點，而深獲好評。2009年回到日本，12年4月在日本開設同店。

パティスリー
ルリジューズ
Pâtisserie Religieuses

地　　址	東京都世田谷區世田谷 4-16-7
電　　話	03-5799-4466
營業時間	10時～20時
定 休 日	週二
Ｕ Ｒ Ｌ	Facebook網頁 （Pâtisserie Religieuses）

Pâtissier

**製作泡芙麵團時，要特別仔細控管溫度與水分，
風味豐盈的內餡與外皮能相互突顯襯托**

Religieuses

主廚經過多方嘗試獲得的泡芙作法，與一般的相反，他是在麵粉中加水，使麵團的水份量散發10%。此法能做出狀況穩定耐放的泡芙麵皮。該店每月會變換內餡口味，深受顧客的期待。　380日圓

作法→P86｜Pâtisserie Religieuses

Point 1　**泡芙麵團作業時，溫度須保持在70℃以下**

1 在鮮奶中加入奶油等材料後加熱，至70℃奶油融化後，約煮10秒即熄火。溫度太高的話，和麵粉混合時麵糊會變硬，重點是溫度不可太高，請時常測量溫度。

2 一般的作法是在鮮奶中加入麵粉，但該店恰好相反，是將鮮奶一口氣倒入麵粉中，迅速混合。這樣麵粉的受熱情況恰到好處，能混合成馬鈴薯泥狀。

3 炒麵糊。使用電磁爐來炒，方便控管溫度，讓測得的麵糊水份量剛好散發10%。透過這樣的作業，不論任何季節或天候，都能製作出品質穩定、口感蓬鬆的麵皮。

Point 2　**不用麵粉製作口感細滑、風味絕佳的卡士達醬**

1 使用從法國訂購的Moench「卡士達醬粉（Crème pâtissière）」，取代麵粉或玉米粉，能製作出口感不會太硬，柔細滑嫩的卡士達醬。這是主廚經過不斷嘗試實驗，所完成風味更棒的產品。

2 鮮奶煮沸後，一口氣倒入蛋黃中迅速充分混合。混拌成乳脂狀後，立刻倒回銅鍋中。

3 在銅鍋中，一面保持82℃，一面確實熬煮。「卡士達醬粉」不含麩質（gluten），煮至咕嚕咕嚕沸騰也不會結塊，能完成口感細滑的內餡。

Point 3　**使用奶油起司卡士達醬**

1 僅有鹽味、口感紮實外皮，搭配味道濃郁的奶油起司卡士達醬。在置於常溫下已變軟的奶油起司中，加入2倍量的卡士達醬，混拌變細滑即完成。

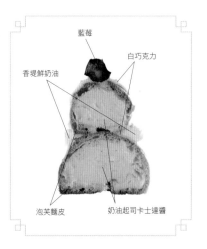

藍莓

白巧克力

香堤鮮奶油

泡芙麵皮

奶油起司卡士達醬

使用法國產麵粉和杏仁粉的塔皮風味濃厚，
杏仁鮮奶油中加入酸奶油調味，呈現豐富的厚味與清爽感

塔（無花果）

依不同季節，塔中使用不同的水果，秋天會用無花果。麵團中加入杏仁粉和發酵奶油，使味道更豐富。杏仁鮮奶油中加入酸奶油的酸味，讓塔吃起來更清爽、順口。　350日圓

作法→P86｜Pâtisserie Religieuses

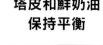

塔皮和鮮奶油
保持平衡

1

麵粉和杏仁粉事先仔細過篩混合。法國產麵粉類似日本的中筋麵粉，能作出口感獨特、芳香酥鬆的塔皮。

2

在已攪拌變得易混合的卡士達醬中，混合酸奶油。法國常可見到利用酸奶油的酸味，讓甜點變得更爽口的作法。

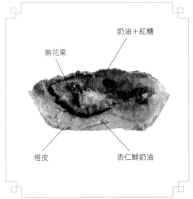

奶油＋紅糖

無花果

塔皮　　　杏仁鮮奶油

使用大量的巧克力和可可粉
充分展現巧克力的風味與香味

古典巧克力蛋糕

該店大部分的麵糊都採用法國產麵粉，但這個口感濕潤的蛋糕，是用日本產低筋麵粉烘烤而成。巧克力採用具水果
風味的孟加里巧克力。是一款只用簡單材料，卻能讓人充分領略巧克力美味的蛋糕。　380日圓

作法→**P87** │ Pâtisserie Religieuses

Point

烘烤前
確實去除空氣

1

在奶油和鮮奶油加熱快煮沸前即熄火。加入巧
克力後，利用餘溫靜置2～3分鐘讓它融化，重
點是不可過度攪拌混合。

2

將加入白砂糖混合好的蛋黃，溫度調整成人體
體溫的程度。請注意若溫度降低，加入的巧克
力會變硬，和蛋白混合時，會使泡沫破滅。

2

在模型中倒入麵糊後，將模型底部輕輕敲打工
作台，以去除多餘的空氣，更均勻的烘烤，不
會產生皺縮的情形。根據主廚的的經驗，最好
至少叩打50～100次。

糖粉

蛋糕

伯爵紅茶馥郁芳香風味與布丁中
果仁醬的堅果厚味相得益彰

布丁（伯爵紅茶）

主廚使用法國老字號紅茶專門店Mariage Frères的伯爵紅茶，來增添獨特的風味，並組合酸奶油加入清爽酸味，使布丁風味更深邃。果仁醬能使整體風味更凝縮。　330日圓

作法→P87 │ Pâtisserie Religieuses

伯爵紅茶風味布丁

果仁醬

Point
以紅茶和酸奶油
賦予布丁鮮明個性

1
為了充分煮出紅茶的味道與香味，使用冰茶用的紅茶葉。加熱鮮奶時，砂糖以撒入鍋底的感覺來加入，這樣子作業能預防焦鍋。

2
趁鮮奶還冰時加入茶葉開始加熱，這樣能徹底煮出味道與香味。過度煮沸紅茶香味會散失，所以煮至80℃時即熄火，加蓋燜2～3分鐘即可。

3
加入鮮奶油20％量的酸奶油，使布丁變成具清爽、輕盈感的複雜美味。因為酸奶油易結顆粒，請充分攪拌後再加入。

只活用必要材料讓風味倍增
直接傳達美味的簡單甜點

法式烤布蕾

只用鮮奶油、蛋黃和砂糖製作的樸素甜點，作業上絲毫不能取巧。為了呈現美麗的光澤，焦糖化作業時採用顆粒纖細的紅糖。焦糖的苦味突顯出細滑的口感與濃郁美味。　350日圓

作法→P87｜Pâtisserie Religieuses

布蕾鮮奶油＋紅糖（表面焦糖化）

整體均勻加熱，
才能呈現細滑的口感

1
將加入香草和白砂糖已煮沸的鮮奶油倒入蛋黃中時，為避免形成顆粒，要立刻混合。之後仔細過濾，才能呈現細滑的口感。

2
烘烤前的溫度和烤好的溫度（85℃）有差異時，只有布丁的外側會受熱。為了讓內外都能均勻受熱，烘烤前儘量以接近85℃的溫度（70℃）來進行作業。

3
將布丁糊倒入布蕾杯後，用瓦斯槍燒烤以消除浮在表面的泡沫。這樣才能使布丁表面變細滑，均勻漂亮的完成焦糖化作業。

パティスリー　ルシェルシェ

Pâtisserie Rechercher

在法國甜點中加入「某物」
做出有自我風格的小蛋糕

「Rechercher」這家店的形象色彩是桃紅色，但非淺桃紅，而是色感強烈的深桃紅。主廚選用此色或許是希望甜點的氛圍也能既華美又深含濃烈的情感吧。他希望顧客品嚐的古典法國甜點，也能感受到某種新鮮感。順帶一提，店名Rechercher在法語中，是「探求、研究」的意思。

主廚村田義武先生認為，甜點最重要的「當然」是甜度。不過光有甜味太平淡。香味才能使甜味呈現深度、味道變得立體。因此，主廚會先以甜味為縱軸，香味為橫軸描繪出甜點的藍圖，架構均衡的縱軸與橫軸，亦即，根據甜味和香味使甜點味道「3D化」。正因如此，全部的甜點都能展現深奧的美味，形成「Rechercher」的風格。

帶著孩子都能輕鬆造訪，連專家也關注的這家店，店內風情能為參訪者帶來幸福的心情。

經營者兼甜點主廚
村田 義武
Yoshitake Murata

1977年愛知縣豐田市出身，辻製菓專門學校、Château de l'Éclair製菓研究課程畢業。之後在法國羅昂市的「Pralus」研修。歸國後，歷經大阪「Nakatani亭」、東京「Coeur en Fleur」、「Patissier Inamura Shozo」等店，曾於「Nakatani亭」總店擔任甜點主廚。2010年開設「Rechercher」甜點店。

排列得井然有序的小蛋糕約有28種。裡面有許多堪稱王道的法國甜點，像是「千層派」、「歐培拉」、「阿里巴巴」等，但透過村田主廚的嚴格過濾，也享有「新發現」的樂趣。

甜點架上排放著剛出爐的「蘋果塔」、「可露麗（Cannele de bordeaux）」、「皮斯維爾蛋糕（Pithivier）」等。

包括加入馬達加斯加產的黑胡椒的核桃餅乾「Galette poivre」等，店內約有12～13種餅乾。作為禮物也極受歡迎。

人氣庫克洛夫蛋糕（Kouglof）、週末蛋糕（Week-end）等大型烘焙類甜點也深受好評。很多人購買作為茶點或伴手禮。

廚房面對著大門正面的小窗，烘製蛋糕的情景營造出店內溫馨的氣氛。恰當融入店內色彩的「香檳餅乾（Biscuit Champagne）」等活用印象色彩的陳列，也十分吸睛。

パティスリー
ルシェルシェ
Pâtisserie Rechercher

地　　址	大阪府大阪市西區南堀江 4-5-B101
電　　話	06-6535-0870
營業時間	10時～19時
定 休 日	不定休
U R L	http://rechercher34.jugem.jp/

活用紅酒醃漬水果乾、巧克力和香料
充滿法國精神的獨創小蛋糕

普羅旺斯蛋糕

以紅葡萄酒醃漬的5種水果乾作為主角。讓人充分享受牛奶巧克力淋醬的甜味與細滑的口感,以及揉入塔皮中的香料和大量撒放的肉桂香味。　441日圓

作法→P88│Pâtisserie Rechercher

Point 1 │ **巧克力淋醬以吉利丁形成「延展性」,讓牛奶巧克力餘韻無窮**

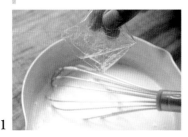

1
鮮奶油煮沸,加入泡軟的吉利丁片。加入吉利丁後,巧克力淋醬會產生「延展性」,在口中散發餘韻。將吉利丁充分混合,讓它完全融化。

2
牛奶巧克力選用法芙娜公司的「Jivara Lactée」。利用牛奶巧克力的成分,來調整蛋糕整體的甜度。巧克力先隔水加熱煮融備用。

肉桂粉
紅酒醃漬水果乾
覆盆子果醬
巧克力淋醬
肉桂杏仁鮮奶油
香料莎布蕾塔皮

Point 2 │ **為了讓口感極細滑,巧克力乳化是先分離再融合,並放置一晚**

1
巧克力中加入已融入吉利丁的鮮奶油,趁熱直接分3次加入。混合時會產生分離現象,但是藉由分離讓它再乳化,才能完成極細滑的巧克力淋醬。

2
最後用手握式電動攪拌器混拌,使其變細滑。放入攪拌盆中,密貼蓋上保鮮膜,放入冷藏室中一晚讓它融合。

3
靜置一晚的巧克力淋醬,用打蛋器混拌調整硬度後才使用。混拌過度口感會乾澀變差,這點請注意。如圖所示般,調整到黏稠有延展性,且泛出光澤為佳。

Point 3 │ **為了和紅酒醃漬水果乾調和,撒上大量裝飾用肉桂粉**

1
在塔上擠上2圈巧克力淋醬,在中心也擠入淋醬的上面,再擠入覆盆子果醬。

2
考慮紅酒醃漬水果乾的口感和味道的組合,主廚選用5種水果,全部切大塊放上。先放在湯匙上修整外型後,再將水果乾移到淋醬上。

3
在水果上撒上肉桂粉。大約是能覆蓋大塊水果乾的份量,使完成的塔散發香料風味。

以巧克力蛋糕體、慕斯和鮮奶油製作
能充分享受巧克力香味與入口即化滋味的甜點

法國黑巧克力蛋糕

巧克力慕斯中，完美組合3種不同個性的巧克力，包括可可成分70％的委內瑞拉產、68％迦納產及64％
多明尼加產，更加突顯出香甜味與刺激的苦味。　500日圓

作法→P88│Pâtisserie Rechercher

Point
巧克力慕斯
在零陵香豆中加入香草
使香味更濃郁

1

在鮮奶和鮮奶油中，加入切開的香草莢，一面
磨碎零陵香豆，一面加入其中。光用零陵香豆
香味很單調，但和香草一起運用香味更濃郁，
而且餘韻更悠長。

2

如圖所示煮沸至此後，加蓋約燜5分鐘，讓香
味釋出。

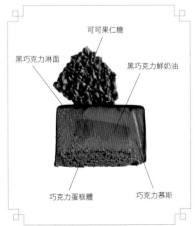

可可果仁糖

黑巧克力淋面

黑巧克力鮮奶油

巧克力蛋糕體

巧克力慕斯

累疊咖啡的苦味、酸味與香味，
以織田信長的意象來命名的特色蛋糕

婆娑羅蛋糕

焦糖和巧克力慕斯中含有2種不同的咖啡，大膽組合吉力馬札羅咖啡與酸味濃郁的覆盆子。主廚創作靈感源自在日本初次
喝咖啡的織田信長的傳說，從織田信長、歌舞伎者，再聯想到婆娑羅，蛋糕便以此命名。　525日圓

作法→P89｜Pâtisserie Rechercher

Point 1
使用咖啡豆
以釋出新鮮香味

1

為讓咖啡香成為甜味的餘韻，主廚重視新鮮咖
啡的香味，他不使用即溶咖啡，而採用咖啡
豆，經細磨後煮出。

Point 2
咖啡焦糖將成為
蛋糕整體的後味
不能太焦要保留甜味

1

白砂糖和水飴一起熬煮成紅褐色後，慢慢倒入
已煮過咖啡的鮮奶油，以免繼續焦化。為了讓
這個咖啡焦糖成為「婆娑羅」的後味，要看清
熬煮的情形，不可煮得太焦。

2

加入奶油和吉利丁粉，用攪拌器攪打變細滑。
這裡的吉利丁是使用保型性佳，凝結力強的粉
末產品。

造型巧克力

噴槍用
巧克力
（紅色）

覆盆子果醬

咖啡焦糖

咖啡巧克力慕斯

咖啡巧克力蛋糕體

23

**焦糖中組合柳橙，
讓古典法式甜點展現新風味**

聖托諾雷泡芙塔

創作靈感來自焦糖與柑橘類十分對味，以柳橙焦糖來表現。村田主廚除了延續傳統甜點的基本作法
外，還以自己的感覺意圖展現更濃厚的美味。　480日圓

作法→P89｜Pâtisserie Rechercher

香堤柳橙焦糖
柳橙焦糖
卡士達醬
鹹塔皮
泡芙麵糊
小泡芙
（擠入卡士達醬）

Point
柳橙焦糖具有
平衡的苦味與香味

1
在鮮奶油中加入磨碎的柳橙皮，加熱。煮沸後離火、加蓋，讓香味釋出。最後散發淡淡的柳橙香即可，若味道太濃，會顯得低劣品質不佳，注意橙皮的份量和燜的時間。

2
用其他鍋製作焦糖。最初只加熱白砂糖，煮沸後再加紅糖。紅糖含礦物質風味佳，不過會產生苦味，所以之後再加入。

3
再煮沸，當煮沸升起的泡沫消失下降之後，立刻慢慢加入含有柳橙香味的鮮奶油。顧及紅糖本身具有苦味，製作重點是掌握焦糖不會太焦的時間點，適時的加入鮮奶油。

甜味突出的比利時甜點「Largo」，
以苦味和酸味加深其味的進化版甜點

皮耶斯蛋糕

此蛋糕的原型「Largo（音譯）」是撒上砂糖後焦糖化的長方體甜點。主廚將它變化成小蛋糕，進行
3次焦糖化作業以突顯苦味。覆盆子的酸味也成為恰到好處的重點風味。　483日圓

作法→P90│Pâtisserie Rechercher

以糖粉烤製外膜，
用白砂糖增加苦味

1
為了以焦糖增加足夠的苦味，上面抹平，在進
行大面積焦糖化的表面抹上蛋白霜。上面撒上
糖粉，從側面用烙鐵燒烙。

2
上面也燒烙變焦。可用冒出火焰的熱度來進行
焦糖化。先用糖粉烤製外膜，之後撒上白砂糖
燒烙，就不會沾附在烙鐵上。

3
撒上大量的白砂糖，用烙鐵燒烤，讓它確實焦
糖化。這樣的作業重複進行3次。

焦糖化（表面）

義大利蛋白霜

卡士達醬

鹹塔皮

覆盆子

香蕉

洋菓子　マウンテン

Pâtisserie Mountain

世界級甜點主廚構思的「幸福蛋糕店」
是能永存於那片土地的人們記憶中的店

　　誕生在「洋菓子 Mountain」（洋菓子 マウンテン）的水野直己先生，從小跟在父親亙先生的身旁製作蛋糕。不只是身為兒子的他，生活在這裡的人們對「洋菓子 Mountain」的蛋糕充滿了記憶。也因此，主廚繼承該店後，一直延用原有的店名和風格。

　　2007年巴黎舉行的「World Chocolate Masters 2007」世界大賽，水野主廚榮獲綜合優勝而一舉成名。這雖是日本人首次獲得的榮耀，但他卻淡然的表示「甜點店才是我的本業」。並表示聽別人說我才注意到自己擅長巧克力呢。或許是這樣的大方態度，讓「洋菓子 Mountain」的小蛋糕，即使是古典法式甜點也很容易讓人喜愛接受。不過，每次品嚐該店的甜點總讓人不斷有新發現。這樣的「親切感」與「驚奇美味」，正是該店長期吸引在地客目光的原因。

經營者兼甜點主廚

水野 直己
Naomi Mizuno

1978年生於京都府福知山市。陸續在東京「甜點之家 Noe」、「Restaurnt Parisienne」工作後赴法，師事於「Le Trianon ANGERS」的Dalloyau先生。2004年回國後，在東京二葉製菓學校擔任講師。2004年榮獲「Japan Cake Show」的銀牌獎，2006年獲得「UIPCG第七屆Master Class 世界選手權德國大賽」的世界第四名等，多次在國內外大賽中獲獎。2007年在法國巴黎舉辦的「World Chocolate Masters 2007」大賽中，成為首位獲得綜合優勝的日本人。獲日本農林水產省頒贈感謝狀。2009年起在「洋菓子Mountain」擔任甜點主廚。也擔任「Barry Callebaut 公司」的大使。

店內的小蛋糕，正統法國甜點和自創蛋糕各占一半。主廚製作傳統法國甜點時，會沿襲原來的組合，不改原有的形式，設法使其更美味。所有構成部分都使用巧克力的「巧克力蛋糕」、組合洋梨的「洋梨焦糖蛋糕」等，都是深受矚目的巧克力類甜點。

圖中是磅蛋糕上淋上2種醬汁的長方形甜點，包括最具人氣的「F 巧克力」（圖中央）和「木莓和紅茶」（圖前）等，也是很受歡迎的禮物。

該店也有售法國甜點店很少製作，曾經蔚為話題的土司。特色是口感柔軟、富彈性。

圖中是烘焙類甜點的陳列區。有30多種產品，分別以零售、盒裝或禮物用籃等不同形式販售。除了陳列有磅蛋糕、沙布蕾餅乾、達克瓦茲蛋糕（Dacquoise）等外，其他還有果仁醬，夏季也會推出冰淇淋。

巧克力販售區位於店的裡側。角落放著「World Chocolate Masters 2007」的獎杯，牆面不停播放大賽的DVD。店內也有販售混在馬卡龍、巧克力甜心糖、沙荷蛋糕（Sacher torte）等甜點中的獲獎作之一「杏和鹽」（圖右）。

洋菓子

マウンテン
Pâtisserie Mountain

地　　址｜京都府福知山市堀今岡6
　　　　　ゆらのガーデン（yurano-garden）
電　　話｜0773-22-1658
營業時間｜10時～18時
定 休 日｜週三、第4個週四
U R L｜http://www.naomi-mizuno.com/

在巧克力中加入堅果風味，
散發濃郁橙香的香醇柳橙蛋糕

柳橙蛋糕

巧克力中混入占度亞巧克力來添加榛果風味，裡面再藏入柳橙香，主廚以此想法來構成蛋糕。使蛋糕兼具豐富的風味與柔和的口感，極薄的巧克力片成為特色重點。　399日圓

作法→P91│Pâtisserie Mountain

Point 1 │ **占度亞巧克力慕斯在巧克力溫度下降後再混合鮮奶油**

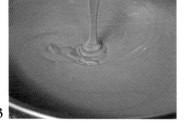

1 在放入2種巧克力的攪拌盆中，倒入煮沸的鮮奶混合。巧克力融化後，攪拌盆底泡入冰水中，使巧克力的溫度降至24℃。

2 在巧克力中一次倒入所有鮮奶油，如從攪拌盆底撈取般混拌。最初用打蛋器，混合後改用橡皮刮刀混合。

3 細滑的慕斯完成圖。加入鮮奶油時，巧克力的溫度太高的話會產生氣泡，無法完成圖中的細滑慕斯。而且若不是無氣泡、狀態穩定的慕斯，蛋糕完成後外型也會受損。

Point 2 │ **在柳橙磅蛋糕體上以果醬加深柳橙的香味，再埋入慕斯中**

1 將占度亞巧克力慕斯裝入擠花袋中，擠入薩瓦蘭模型之中達到七分滿的高度。「洋菓子Mountain」是使用矽膠製的薩瓦蘭模型。

2 為增加柳橙的香味，在磅蛋糕上塗上柳橙果醬。先在蛋糕上擠出適量的果醬再塗開，作業效率較高。

3 柳橙磅蛋糕體塗果醬面朝下，放入占度亞巧克力慕斯中，稍微往下壓，讓蛋糕埋入慕斯中。

Point 3 │ **柳橙布蕾糊是用中火迅速均勻的加熱**

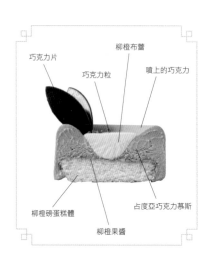

1 將蛋黃和白砂糖攪拌混勻，加入濃縮柳橙糊增添風味，加入煮沸的鮮奶油混合，倒回鍋一面不停的混合，一面加熱。

2 儘快均勻的加熱。以中火加熱過程中，若感覺溫度升得太高，要暫時先離火。加熱至細泡消失，變黏稠即可。離火，倒入攪拌盆中，盆底放冰水冷卻至30℃為止。

巧克力片
柳橙布蕾
巧克力粒
噴上的巧克力
柳橙磅蛋糕體
占度亞巧克力慕斯
柳橙果醬

以牛奶巧克力的甜味與花朵般的香味
使黑醋栗的酸味變柔和

黑醋栗蛋糕

牛奶風味的巧克力慕斯裹住充滿野味的黑醋栗酸味。巧克力是使用具花香味的阿魯巴產製品。泛著
光澤的淋面如陶瓷般美麗。　399日圓

作法→P91 | Pâtisserie Mountain

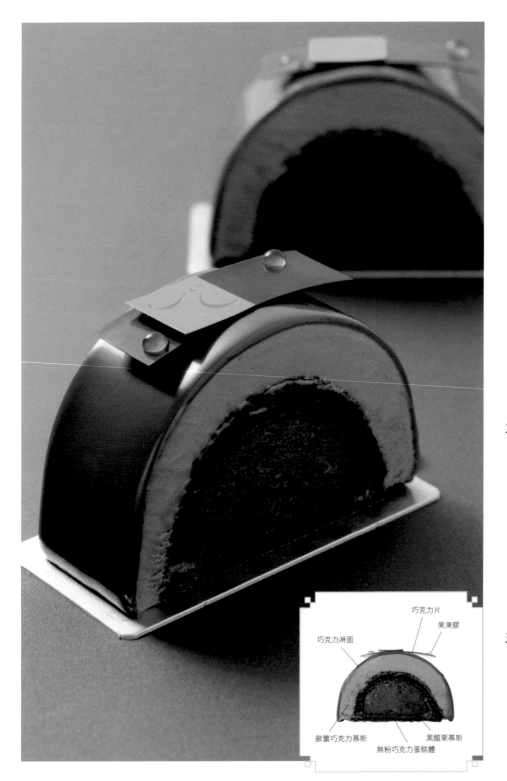

巧克力片
果凍膠
巧克力淋面
歐蕾巧克力慕斯
無粉巧克力蛋糕體
黑醋栗慕斯

Point
保持淋面溫度，
一口氣倒入

1

巧克力淋面加熱至35℃，用手握式電動攪拌器攪拌。為避免裡面攪入氣泡，攪打時，將攪拌器前端浸入液體中（攪拌器拿太高露出液體外，攪打時會進入空氣）。

2

冷凍好的黑醋栗慕斯脫模後，倒上巧克力淋面。迅速平均的淋上大量的淋面（中途速度不變）。淋面凝固的溫度是18℃。淋面觸及冰慕斯表面不會立刻凝固，須靜置讓它凝固。維持溫度，蛋糕完成後表面才能泛出美麗的光澤。

3

切每片蛋糕都要加熱刀子，將蛋糕切成3.2cm寬。

以巴黎巧克力店「Chocolaterie」的印象
製作的成人風味蒙布朗

巧克力栗子蛋糕

蛋糕的造型可愛，裡面是散發濃郁白蘭地香的成人風味。栗子與巧克力組合時，巧克力味往往蓋過栗子
香，但這個蛋糕不但兩者香味均等，還有效活用巧克力的濃醇美味。　399日圓

作法→P92｜Pâtisserie Mountain

Point

**巧克力栗子鮮奶油
是利用巧克力粉
呈現輕柔細綿口感**

1
將奶油打發讓它飽含空氣，分數次加入已混合
白蘭地的栗子糊混合後，再加入巧克力粉（已
調整成細碎的粉粒）。若加入固態巧克力，涼
了之後會凝固，因此要使用巧克力粉。

2
巧克力栗子鮮奶油完成圖。充分攪打讓它飽含
空氣，成為輕柔軟綿的鮮奶油。

3
用蒙布朗擠花嘴將鮮奶油擠入半橢圓模型中。
之後，在中間的空隙中，放入冷凍好的香草布
蕾。

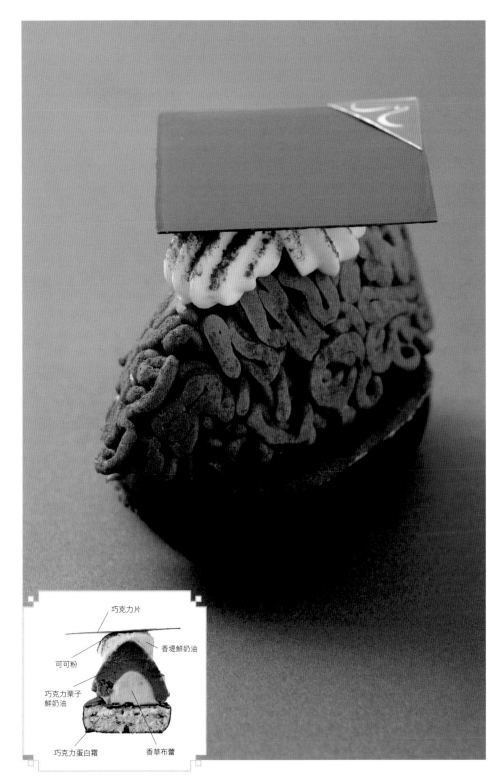

巧克力片

香堤鮮奶油

可可粉

巧克力栗子
鮮奶油

巧克力蛋白霜　　香草布蕾

平衡組合2種起司
起司愛好者必吃的小蛋糕

奶油起司塔

材料中使用濃郁與輕爽2種起司，不論味道與份量都達到完美平衡。尤其是嫩起司蛋糕的烤奶油起司，豪華的風味十分新鮮。　420日圓

作法→P92│Pâtisserie Mountain

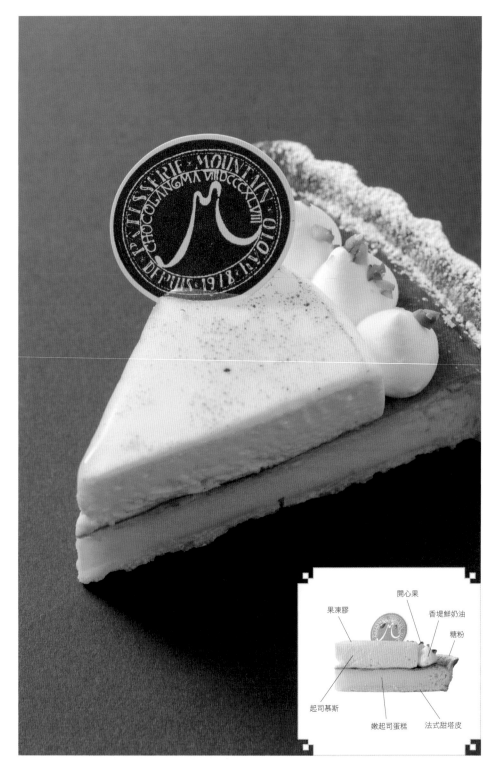

開心果
果凍膠
香堤鮮奶油
糖粉
起司慕斯
嫩起司蛋糕
法式甜塔皮

Point

起司慕斯是
用蛋黃霜連結
起司和鮮奶油

1

將鮮奶和奶油起司混合。有許多配方的奶油起司很難融化，所以要加熱。融合後離火（約40℃），用手握式電動攪拌器攪打變細滑後，加入吉利丁煮融。

2

打發蛋黃，倒入121℃的糖漿製成蛋黃霜。為避免蛋凝固，要慢慢倒入糖漿。糖漿溫度太高不易混合，但保型性提高，能做出口感飽滿的慕斯。

3

蛋黃霜變成40℃時，加入1中（若不靜置降至相同的溫度，做不出口感細滑的慕斯），在快要混勻前，加入攪打至七分發泡的鮮奶油（約10℃）。混合至某程度後，改用橡皮刮刀混合。奶油起司和鮮奶油不易融合，但以蛋黃霜連結兩者，能做出口感細滑的慕斯。

不必烘烤的法式布蕾
另放上焦糖酥片，也適合外帶

法式布蕾

這個法式布蕾不必烘烤，只活用洋菜的特性完成細滑的口感。主廚原本煩惱表面先焦糖化後再陳列，還是顧客訂購後再進行焦糖化作業，最後決定將焦糖部分製成脆片狀放在布蕾上，這樣的風格堪稱劃時代的創舉。　399日圓

作法→**P92**｜Pâtisserie Mountain

Point
在無孔的前提下
焦糖酥片儘可能
做得薄一點

1

在鋪了矽膠烤盤墊的烤盤上，放上直徑7cm的圓形片狀模型。從上將焦糖和弄碎的烤脆片過篩撒入模型中。若撒得太薄會有孔洞，所以要斟酌份量，讓它具有某種程度的厚度。在焦糖中加入烤脆片，為的是增加酥脆的口感。

2

拿掉模型，放入180℃的烤箱中約烤4分鐘。

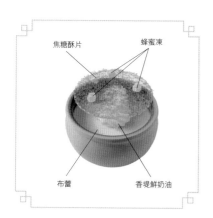

焦糖酥片　　　蜂蜜凍

布蕾　　　　香堤鮮奶油

パティスリー　ジュン ウジタ

Pâtisserie Jun Ujita

**追求美味，並去除多餘元素，
讓小蛋糕進化為簡單的形式**

　　宇治田主廚在獨立開店前，工作的甜點店位於觀光區，常連日熱鬧滾滾。他很希望「能在安靜的地方做些沉靜的作品」，於是選擇清靜的住宅區開設現在的店。從前主廚的甜點風格，大多是運用高超的技術，以複雜的素材來構成，但現在不論是造型或味道，風格都變得十分簡單、質樸。「製作時我如果感到困惑，會在腦海中試吃。而且，若對加入這項素材感到疑惑的話，我就會放棄。甜點中不需加入多餘的味道」宇治田主廚如此說道。這麼一來，不但組成甜點的元素變得單純，想呈現的味道也變明確了。主廚於是確立以小蛋糕和烘焙類甜點作為該店的雙主軸。可是，他目前還未決定何種小蛋糕才是自己的最佳代表作。據說他目前每天仍在不斷努力探求中。

主廚將甜點簡化，還增加許多味道濃醇的小蛋糕。巧克力塔和咖啡塔是該店全年熱銷的人氣商品，秋季到冬季蒙布朗蛋糕和蘋果塔深受好評。櫻桃克拉芙緹塔（Clafoutis）和法國鹹派（Quiche）也獲得極佳的讚譽。

經營者兼甜點主廚

宇治田 潤
Jun Ujita

1979年生於日本東京。陸續在葉山「ile de Saint-Louis」等店工作，2004年於法國「Pâtisserie Sadaharu AOKI paris」任職，05年致力籌備日本店。06年至鎌倉「Pâtisserie雪乃下」赴任，將該店提升為人氣店。自立門戶後於2011年11月開設本店。

配合店內沉穩的氛圍，該店使用由工作人員挑選的古典風格用品。右圖中的大桌子上，放著分別包裝的烘焙類甜點，在下圖的蛋糕專用櫃上，還排放著法國老店的名牌紅茶。

店內還販售用米粉、馬鈴薯等新素材製作的沙布蕾餅乾，從各式餅乾組合也能窺見主廚的獨創性。

長條形的烘焙蛋糕，其份量大小送禮、自用兩相宜，人氣絕佳。有水果、香料、檸檬等4種口味。

店內還販售水果、堅果類果醬、堅果蘑菇醃菜、醋漬蔬菜等手工小菜罐頭。

パティスリー

ジュン ウジタ
Pâtisserie Jun Ujita

地　　址｜東京都目黑區碑文谷4-6-6
電　　話｜03-5724-3588
營業時間｜10時30分～19時
定 休 日｜週一（遇節日隔天休）
U R L｜http://www.junujita.com/

**在淋醬、鮮奶油和淋面中使用巧克力，
讓人充分享受不同的味道與口感**

巧克力塔

散發苦味的濃郁巧克力淋醬、加入自製榛果醬風味溫潤的鮮奶油，以及口感薄脆的淋面，三者達到完美平衡，
填入其中的焦糖榛果的嚼勁，更添重點美味。　490日圓

作法→P93 | Pâtisserie Jun Ujita

Point 1 | 焦糖榛果的焦糖須充分熬煮焦化

1
雖然焦糖已煮到顏色頗深，但砂糖未完全融化，還殘存許多細顆粒，之後還要繼續加熱。

2
煮到周圍激烈冒泡往中央集中，成為整體冒泡的狀態。最佳狀態是砂糖已完全融化，拿起攪拌匙焦糖會迅速流下。煮得不夠焦的話只有甜味，所以要煮至某種焦度才能加入苦味。

3
熄火，立刻加入榛果，迅速混拌讓榛果裹上焦糖，趁焦糖未凝固，倒到矽膠烤盤墊上。攤開散熱，變涼後大致切碎。

Point 2 | 巧克力淋醬的鮮奶和鮮奶油要徹底煮沸，巧克力先煮至半融狀態

1
因為鮮奶和鮮奶油要煮至滾沸冒泡升起，所以最好使用大型鍋具。徹底加熱煮沸能增進殺菌效果，這項作業還能延長巧克力甜心糖等甜點的賞味期限。

2
為了不加重混合時的負荷，巧克力先稍微加熱，煮到周圍融化，中心還未融的狀態。

3
在巧克力中一口氣倒入煮沸的鮮奶，徹底混合並避免空氣進入。讓淋醬充分乳化，須注意若空氣滲入其中，做不出細滑的淋醬。

Point 3 | 慢慢打發榛果巧克力鮮奶油

1
將鮮奶油打至六分發泡。剛好的發泡硬度是拿起打蛋器時，若鮮奶油成線狀往下流，落入盆中會殘留痕跡的狀態。

2
在鮮奶油最後作業中，將鮮奶油一口氣加入打蛋器中迅速混合。巧克力較重會沉入攪拌盆底，所以最後一定要用攪拌匙從盆底舀取混合。

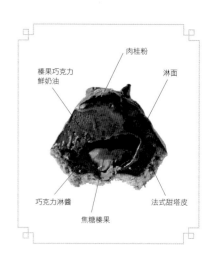

榛果巧克力
鮮奶油
肉桂粉
淋面
巧克力淋醬
法式甜塔皮
焦糖榛果

在烤得香酥的小泡芙上淋上焦糖，
組合焦糖風味與卡士達醬2種鮮奶油

聖托諾雷泡芙塔

鹹塔皮上重疊擠上泡芙麵糊再烘烤，以增加口感上的變化。在烤硬的泡芙麵團中擠入大量的卡士達醬。焦糖香堤鮮奶油的焦糖苦味，使豐郁的美味更加濃縮凝鍊。　480日圓

作法→P93│Pâtisserie Jun Ujita

焦糖香堤鮮奶油　　　　焦糖

泡芙麵皮　　　　　　　鹹塔皮
　　　　　卡士達醬

Point
焦糖香堤鮮奶油的
焦糖要煮焦一點

1
白砂糖加熱煮製成焦糖。為了讓苦味成為重點風味，焦糖要煮焦一點。煮到升起濃煙顏色變焦褐色後，熄火，利用餘熱再繼續讓它焦化。

2
將奶油、鮮奶油和香草加熱到奶油能融化的程度，加入焦糖均勻的混合，再過濾。

3
等稍微變涼後，混入蘭姆酒。為了讓酒香達到擴散風味的作用，許多配方都有增加香味的效果。之後放入冷藏室一晚，讓整體的味道融合得更均勻。

讓人直接享受香脆起酥皮和
濃厚鮮奶油的美味

千層派

入口後立即酥鬆散碎的千層酥皮，與香醇的慕斯鮮奶油相互交融，使兩者原有的味道變得更美味飽滿。塗抹在表面的醋栗果醬的酸味更添清爽風味。　450日圓

作法→P94｜Pâtisserie Jun Ujita

熬煮過的醋栗果醬＋翻糖

千層酥皮　　　慕斯鮮奶油

Point ┃ **加入奶油時須注意溫度**

1

煮焦的奶油液（約50℃）直接加入麵粉中會形成粉末顆粒，所以奶油要先加入冰水和全蛋（約5℃）中混合，以避免形成粉粒。

2

趁焦糖奶油液凝固前，全部倒入充分混合。用壓住攪拌盆的手一面旋轉攪拌盆，一面用另一手充分的混拌。

3

將已鬆弛擀開的麵皮分成三等份，放上同硬度已敲平的摺入用奶油。左側保留1/3的麵皮不放奶油，用手指將奶油在右側2/3部分塗開。將沒奶油的部分往有奶油部分翻摺重疊，剩餘有奶油的部分（1/3）再翻摺疊上去，共摺三摺，完成第1次作業。

以驚人份量的蘋果和砂糖
烤3個多小時，是冬季才能嚐到的絕味

反烤蘋果塔

主廚使用大量即使加熱也不會碎爛，富特有酸味的紅玉蘋果。為了發揮其原味，也大量運用焦糖和撒上砂糖。
以高脂鮮奶油製成的鮮奶油，和蘋果的酸味保持完美的平衡。　460日圓

作法→P95│Pâtisserie Jun Ujita

鮮奶油＋高脂鮮奶油

烤蘋果

鹹塔皮

Point ▌**使用大量蘋果烘烤3個多小時**

1

為突顯蘋果的酸味與甜味，將白砂糖充分煮焦，製成深濃的焦糖液，趁未凝固前，倒入塔模中。適當的份量大約是3～4mm厚，重點是要平均分布

2

將蘋果去皮切四半，剔除果核，緊密無縫隙的排入模型中，均勻的撒上大量的白砂糖。上面再重疊蘋果和白砂糖，最後在中央部分將蘋果堆成山狀，再撒上白砂糖。

3

放入180℃的業務用烤箱中，烘烤3個多小時讓份量縮減約1/2量。待稍微變涼後，連模型一起放入冷藏室中，讓味道慢慢的融合。

僅組合巴伐露斯和拇指蛋糕體，
讓人充分感受稀有的開心果風味

普洛特蛋糕

義大利西西里島東部的普洛特（Bronte）村所栽種的開心果，不論味道和香味都受到很高的評價。這個蛋糕只組
合拇指蛋糕體和巴伐露斯，更加突顯開心果的美味，果凍膠中還加入白葡萄酒，使味道更醇厚香濃。　480日圓

作法→P95｜Pâtisserie Jun Ujita

Point
蛋白霜攪打變硬，
均勻的擠製麵糊

1

在蛋白中一面分3次加入白砂糖，一面攪打到
尖端能豎起，且泛出光澤的發泡程度。

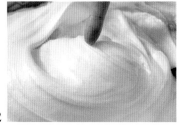

2

加入攪打變硬的蛋黃，為避免攪破氣泡，如切
割般大幅度混合。如圖所示般，大致混拌到蛋
黃呈條紋狀即可。

3

在混合的蛋白霜和蛋黃中，慢慢撒入麵粉，混
拌到泛出少許光澤，沒有粉粒為止。將全部麵
糊以同樣粗細，整齊的擠在烤盤上。經烘烤會
膨脹，所以每條麵糊間稍微留點空隙。

果凍膠
開心果
開心果巴伐露斯
拇指蛋糕體

パーラー　ローレル

Parlour Laurel

廣泛被各年齡層接受的好食用清爽口感
也重視素材感，充滿個性的新時代蛋糕

　　創立於1980年的「Parlour Laurel」，位於東京自由之丘附近，從東急大井町線九品法車站步行約5分鐘可達。該店同時販售老闆兼主廚武藤邦弘先生製作的長銷蛋糕，以及長子康生副主廚製作的新式蛋糕。「製作讓人吃了能放鬆心情，獨創性高、輕爽好食用的蛋糕」，康生先生在承襲邦弘先生的創業精神的同時，也盡情發揮在比利時和法國所學的技術。他表示「我希望用心製作吃起來爽口，顧客還能從味道與外觀上清楚了解每種素材的甜點」，「顧客看一眼就會被吸引」也是他的目標，他利用特製模型呈現新穎的造型與色彩，使甜點在視覺上也充滿樂趣。他現正努力追求從小孩到老人都能安心食用的新時代蛋糕。

平時該店約有25～30種小蛋糕。邦弘先生和康生先生各負責一半，從大門走進店裡，位於右側呈現嶄新色彩醒目的蛋糕是康生先生的作品。左側則是邦弘先生的蛋糕。

圖中是康生先生的蛋糕。他以色彩來表現季節感，冬天主要用褐色或白色等沉穩的色彩，春至夏季常用綠或橙色等。

左圖是邦弘先生的蛋糕。除了日本人熟悉的蛋糕之外，還另外加入了「Laurel」、「蜂蜜馬雅」等充滿創意的長銷蛋糕。

Pâtissier

甜點副主廚
武藤 康生
Yasuo Muto

1980年生於東京。大學畢業後，留學馬賽大學學習語文，後進入法國普羅旺斯地區艾克斯（Aix-en-Provence）的「Ridere」、及比利時的「Pierre Marcolini」甜點店工作，2008年回國後，成為Parlour Laurel的副主廚。不論是音樂、時尚、電影或建築物等，所有事物都能成為他製作蛋糕的靈感。

在兼具展示櫥窗的冰櫃中，放著7～8種糕點、巧克力球和磅蛋糕等。

康生先生在巧克力球中也活用在比利時巧克力專賣店所學的技術。主要在冬季時推出，約準備15～16種口味。

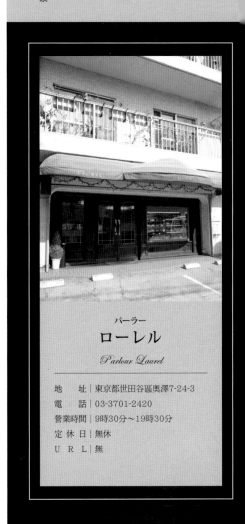

パーラー
ローレル
Parlour Laurel

地　　址	東京都世田谷區奧澤7-24-3
電　　話	03-3701-2420
營業時間	9時30分～19時30分
定休日	無休
URL	無

上圖為烘焙類甜點陳列區。除了有派或沙布蕾等定番商品外，不時還有華夫餅等新商品登場。

主要的展售架上並列著9種口味的馬卡龍，各200日圓。做成日本人喜愛的粉彩色。

在香草鮮奶油和牛奶巧克力慕斯中，
加入可可脆片作為重點美味。

里昂蛋糕

牛奶巧克力慕斯中出現香草鮮奶油，大溪地香草的香甜味瞬間在口中擴散開來。鮮奶油下方還鋪入可可脆片，口感上更添重點特色。此蛋糕於春～夏季時供應。　500日圓

作法→P96 | Parlour Laurel

Point 1 | 製作具濃厚香草香、口感細滑的鮮奶油

1

為了讓人充分享受大溪地產香草的濃郁香甜味，在鮮奶油中加入刮出的香草莢種子與豆莢，並放置一晚讓香味充分釋出。

2

將蛋黃和白砂糖攪拌混合，加入煮沸的鮮奶油。需分數次加入，以免產生分離現象。

3

將2一面攪拌，一面加熱至85℃，製成英式蛋奶醬。咕嚕咕嚕煮沸後算起約再煮30秒，能完成口感細滑的蛋奶醬。

Point 2 | 用少量吉利丁製作不黏口的果凍

1

用於裝飾用果凍中的吉利丁，為避免黏口，份量控制在剛好能凝固的最少量。淋覆之前，將果凍隔水加熱煮至快凝固的程度。

2

將蛋糕放在涼架上，進行第1次淋覆作業。因吉利丁的量很少，所以不能完全裹覆。淋完第1次後，暫放一會兒讓表面凝固。

3

淋覆果凍液的作業進行2～3次，因吉利丁量少，所以果凍層不會變厚。蛋糕完成後不但色澤鮮麗，而且果凍入口即化。

Point 3 | 製作口感香脆的可可脆片

1

在煮好的脆片基材中加入粗粒可可豆攪拌混合。粗粒可可豆烤過再磨碎，不只有口感，還有增加香味的作用。

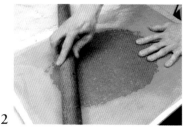

2

將脆片材料夾入烤焙墊之間，涼了之後無法壓平，所以要趁熱儘量的壓薄。考慮蛋糕整體的平衡，壓成厚3mm程度最理想。

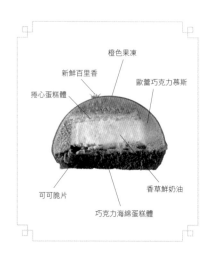

橙色果凍
新鮮百里香
捲心蛋糕體
歐蕾巧克力慕斯
可可脆片
香草鮮奶油
巧克力海綿蛋糕體

濃郁、細柔的開心果慕斯為主角
弦月的造型也很搶眼，是超人氣絕品

西西里蛋糕

使用西西里島產優質開心果糊製作的細滑慕斯為主體，重疊組合覆盆子鮮奶油、巧克力海綿蛋糕體
等，一口咬下能同時嚐到不同的味道，是該店最具人氣的商品。　580日圓

作法→P97｜Parlour Laurel

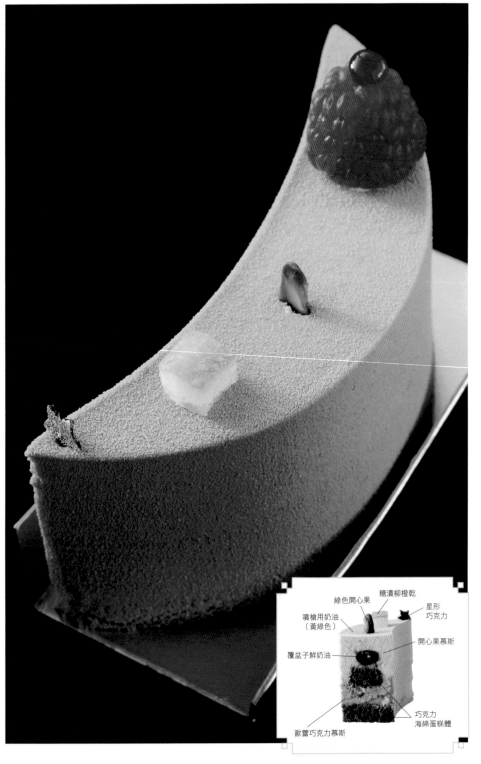

糖漬柳橙乾
綠色開心果
星形
巧克力
噴槍用奶油
（黃綠色）
開心果慕斯
覆盆子鮮奶油
巧克力
海綿蛋糕體
歐蕾巧克力慕斯

Point
讓開心果慕斯
變得綿柔、細滑

1

將混入吉利丁的英式蛋奶醬少量加入開心果糊
中，混合將開心果調稀。重點是最初要融和兩
者。

2

一面慢慢加入英式蛋奶醬，一面混合。開心果
泥本身有硬度，為避免結塊須過濾。這樣做也
能使材料充分乳化變細滑。

3

弦月模型是特別訂做的。慕斯若無法填滿至邊
角，無法做出漂亮的弦月形蛋糕，所以要用抹
刀將慕斯確實填滿模型的邊角。

在巧克力慕斯和海綿蛋糕中
暗藏Q彈的葡萄果凍

河流蛋糕

讓人連想到河流的優雅外型，是「Riviere」（在法語中是「河」的意思）這個蛋糕名稱的由來。裡面內藏的葡萄果凍，從巧克力慕斯和海綿蛋糕中出現的驚喜，成為一大魅力。　530日圓

作法→P97 | Parlour Laurel

Point
葡萄果凍
確實煮沸以殺菌

1

在水中加入白砂糖和伊那gel＊，一面混合，一面煮沸。這是水分較多的配方，所以這裡先暫時煮沸，徹底殺菌。讓水成為白濁的濃稠狀態。

＊日本伊那食品工業衍伸寒天之優點所研發的一種膠化劑。製作時可用寒天取代。

2

將1倒入已加熱的葡萄汁中，一面隔水加熱，一面迅速混合。若不在隔水加熱的狀態下混合，會立即凝固，這點請注意。

3

接著，一面混合，一面將攪拌盆直接放在火上加熱，讓伊那gel完全融解。至此，要煮沸至盆子周邊嘆滋冒泡的程度，以徹底殺菌。

噴槍用奶油（紅色）　黑巧克力
果凍膠
葡萄果凍
歐蕾巧克力慕斯
巧克力淋醬　巧克力海綿蛋糕體

玫瑰香味與淡粉紅色調充滿魅力
入口後不同的味道變化出人意表

安菇玫瑰蛋糕

這款淡粉紅色調的小蛋糕為春天限定產品。以添加玫瑰風味的荔枝和覆盆子慕斯為主體。品嚐後，能感受到皇家奶茶般的變化風味，吃起來饒富趣味。　500日圓

作法→P98｜Parlour Laurel

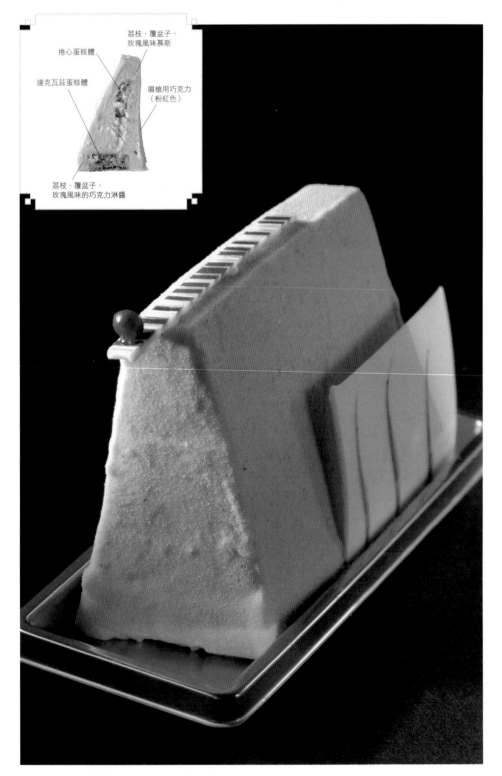

荔枝、覆盆子、玫瑰風味慕斯

捲心蛋糕體

達克瓦茲蛋糕體

噴槍用巧克力（粉紅色）

荔枝、覆盆子、玫瑰風味的巧克力淋醬

𝒫oint
加入慕斯中的鮮奶油
注意勿過度打發

1 果泥和吉利丁加熱至相同溫度（40℃左右）備用，在吉利丁中加入少量果泥融合後，再倒回果泥中混合，以免產生顆粒。

2 因為使用大量高脂肪成分（42%）的濃郁鮮奶油，所以混合時勿過度打發。鮮奶油攪打至能濃稠流下的六分發泡程度。

3 和1同樣的，混合果泥和吉利丁時，先加入1/3量攪打發泡的鮮奶油，混勻後再加入剩餘的，才能混合出細滑的慕斯。

蛋糕上裝飾澀皮栗以強調其美味，
巧克力淋醬是適合秋冬的濃郁厚味

栗子塔

塔中的巧克力淋醬，裡面的主材料為可可成分70％的巧克力，並添加零陵香豆的香味，是適合秋冬的濃厚美味。上面大膽裝飾的澀皮栗，能讓人嚐到素材的原味。立體組合也給人留下深刻的印象。　530日圓

作法→P99│Parlour Laurel

Point
巧克力淋醬讓它暫時分離，
能增加光澤與乳化作用

1
先在融化的巧克力中加入少量煮沸的鮮奶油，讓它產生分離，混合成粗糙的狀態。這項作業能使淋醬最後變得細滑有光澤。

2
步驟1完成後，一面慢慢加入剩餘的鮮奶油，一面用手握式電動攪拌器攪拌。預先讓淋醬分離的作業，令巧克力淋醬在此階段產生美麗的光澤。

3
用手握式電動攪拌器攪打後，再用細目濾網過濾。完全濾除大氣泡，完成細滑富光澤的巧克力淋醬。

果凍膠　蜜煮澀皮栗
黑巧克力片
黑巧克力粒
巧克力海綿蛋糕體
零陵香豆風味的巧克力淋醬　塔皮

パティスリー　シュエット

Pâtisserie Shouette

在樸素的外表下藏著
以女性的感性美製作出的深奧美味

　　本店的老闆兼主廚水田あゆみ小姐，希望透過製作喜愛的甜點讓人們感到開心，於是辭掉工作，到東京學習製作甜點，同時她也被島田進主廚的甜點與人品吸引，時常光顧「Pâtissier Shima」，後來如願進入該店工作。「Shouette」開店後，主廚在法國甜點基礎和向島田主廚學習的技法中，還加入身為日本女性的感性，形成具有溫暖感的特有風格。為了讓法國甜點容易親近，主廚在造型設計上也採取可愛風格，與嚴肅、男性風格的法國甜點呈現截然不同的風貌。該店開業之初，常被人拿來和當地著名的甜點店相提並論，不過，現在大家已清楚認識「Shouette的甜點」，很多顧客都是每週光顧的常客和遠道而來的甜點迷。除了小蛋糕外，主廚對烘焙類甜點也十分用心，以法國傳統甜點變化的塔、派、沙布蕾等甜點也受到很高的評價。

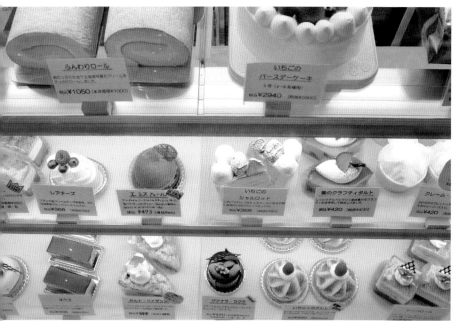

小蛋糕的展示櫃中，每天約有25～26種甜點。其中的六成為固定甜點，其餘的是季節甜點。考慮到當地的習慣，奶油蛋糕也和海綿蛋糕等排放在一起。店內工作人員雖少，甜點種類卻很多，主廚表示「顧客挑選的樂趣也很重要」，因此不考慮減少種類。

以巴斯克地區鄉土甜點「Double Basque」改良成的「鈴懸Basque」，這個甜點在用大量杏仁粉的麵糊中，包入三田的名產黑豆、栗子和卡士達醬，烘烤得芳香四溢。另有巧克力口味的「巧克力Basque」，作為土產或贈禮時，裝入有貓頭鷹圖案的獨特盒子裡，十分受歡迎。

用無花果、草莓、紅葡萄酒等手工製作的果醬。任何口味都是只用水果濃縮製成的美味。

該店有多種烘焙類甜點，包括大家熟悉的瑪德琳蛋糕和費南雪蛋糕等。也有原意為雪球的榛果餅乾「Boule de Neige」等。

右圖為厚度約10cm、限定販售的蘋果派。在蘋果季節的週六、日，整個店內便會瀰漫著烘烤蘋果派的怡人芳香。

經營者兼甜點主廚
水田 あゆみ
Ayumi Mizuta

生於日本兵庫縣龍野市。在一般公司工作後，進入東京代官山的「Le Cordon Bleu」學習甜點製作。之後進入「Pâtissier shima」，師事島田進主廚。歷經5年半的學習，於2005年，在現址開設「Pâtisserie Shouette」。法文店名意指能召喚幸福的貓頭鷹，原來的拼法是Chocette，但第一個字母改為老師的頭文字，因而成為Shouette。

パティスリー
シュエット
Pâtisserie Shouette

地　　址｜兵庫縣三田市すずかけ台
　　　　　（Suzukakedai）1-6-2
電　　話｜079-564-7888
營業時間｜10時～20時
定休日｜週一
ＵＲＬ｜http://www.shouette.jp/

以伯爵紅茶和檸檬香味
充分突顯巧克力濃郁美味

半球巧克力蛋糕

這是喜愛巧克力的水田主廚獨創的小蛋糕。巧克力蛋糕若只用巧克力，感覺太單調，主廚組合
紅茶和檸檬，讓蛋糕味變得豐富立體。　473日圓

作法→P100｜Pâtisserie Shouette

Point 1 ▎巧克力甜塔皮須充分混合但注意勿混合過度，緊密鋪入模型中

1
低筋麵粉和可可粉混合後，2次過篩。2種以上
的粉類混合使用時，若不過篩2次以上，無法
混合出均勻的麵團。

2
在已回軟的發酵奶油中加入糖粉，用攪拌器充
分攪打。最初用低速，糖粉混勻後，轉高速攪
打到裡面含有空氣變得泛白為止。使用發酵奶
油，塔皮完成後味道更香，而且，使用比白砂
糖水分少的糖粉，做出的塔皮更香脆。

3
慢慢加入蛋黃充分混合，一次加入篩過的低筋
麵粉和可可粉。最初用低速攪打，粉類混勻
後，速度稍微轉快混合。過程中，數次將黏在
攪拌器上的麵團刮下，以免混合不均，混勻
後，立即停止混拌（混合過度，塔皮會變
硬）。

4
將麵團擀成2mm厚，用比模型大一圈的切模切
取，用手掌熱度將麵皮弄軟，鋪入塗了奶油的
模型中。用拇指腹先將麵皮往下壓凹，第2次
再用力按壓。

5
讓模型和麵團之間沒有空隙。從模型裡側觀看
較容易了解，左圖是失敗範例，要像右圖那樣
緊密鋪入沒有空隙。

6
模型邊緣也要緊貼麵皮，上部用刀沿邊緣切掉
多餘的麵皮。

Point 3 ▎檸檬鮮奶油，從「黏稠」到「滑順」後，
再煮到變「濃稠」為止

1
將打散的蛋、白砂糖和檸檬汁充分混合，放入
鍋中，用木匙一面從鍋底混拌，一面用小火加
熱。最初蛋汁會變得黏稠，隨著白砂糖融化，
會變得滑順。一面不停的混合，一面繼續加
熱。

2
慢慢熬煮讓它變黏稠。不同的熬煮情形，黏性
也不同，重點是清楚了解狀況。需加熱到用木
匙舀起時，會沾黏在木匙上的濃稠度。

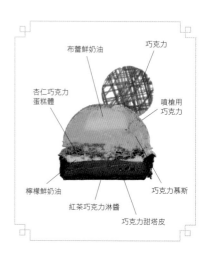

布蕾鮮奶油　　巧克力

杏仁巧克力
蛋糕體　　　　噴槍用
　　　　　　　巧克力

檸檬鮮奶油

紅茶巧克力淋醬　　巧克力慕斯

巧克力甜塔皮

濃醇巧克力的苦味中添加柳橙香味
是後味清爽的巧克力蛋糕

聖喬治蛋糕

這是主廚為巧克力迷製作的蛋糕，能充分享受巧克力的苦味。重疊使用可可成分高的巧克力製作的巧克力慕斯、巧克力淋醬和巧克力蛋糕，加入其中的橙皮和柑曼怡香橙干邑甜酒作為重點，也使味道更有層次。　420日圓

作法→P101 | Pâtisserie Shouette

香堤鮮奶油　　可可粉
糖漬橙皮
巧克力慕斯
（加入橙皮）
巧克力布朗尼蛋糕
＋柳橙糖漿
巧克力淋醬

Point ｜ 巧克力慕斯、巧克力、蛋黃霜和鮮奶油的溫度都需注意

1
巧克力和蛋黃霜的溫度差不多，製作細滑慕斯的重點，是使用的鮮奶油不能太冰。鮮奶油攪打至七分發泡，放在室溫中備用。巧克力隔水加熱煮融，維持40℃備用。

2
一面打發蛋黃，一面加入120℃的糖漿和已煮沸和1不同的鮮奶油，製成蛋黃霜。加入鮮奶油完成的蛋黃霜較輕柔，混拌到觸摸盆底感覺不到溫度的程度（比體溫稍微再熱一點的狀態）。

3
將40℃的巧克力和2的蛋黃霜混合。此時溫度若不同，混合不出細滑的慕斯。混合糖漬橙皮（可用柑曼怡香橙干邑甜酒醃漬）後，再和放在室溫中備用的七分發泡鮮奶油混合。

輕軟的達克瓦茲麵糊製作成塔皮，
充分展現葡萄柚水嫩多汁的美味

葡萄柚蛋糕

為了避免葡萄柚和塔皮無法融為一體，主廚用達克瓦茲麵糊製作塔皮，以呈現甜點的清爽感。酸甜中帶苦味的葡萄柚，用糖漿醃漬後，變得更水嫩美味。　399日圓

作法→P101 │ Pâtisserie Shouette

製作有彈性、紮實
的麵糊，擠製薄塔皮

1

蛋白中加入少量乾燥蛋白（加強彈性），分數次一面加入白砂糖，一面充分攪打成蛋白霜。混入篩過2次的（為了讓它含有空氣）粉類，充分混合讓其中也飽含空氣，製成達克瓦茲麵糊。

2

在中空圈模中塗上奶油，貼上烤焙紙。將達克瓦茲麵糊裝入裝有直徑6mm擠花嘴的擠花袋中，在模型內側擠上小球型。

3

放到擠製好的塔底麵糊上。塔底麵糊的厚度約3mm。小蛋糕完成後，若塔底麵糊太厚會太甜，太薄的話鮮奶油吃起來會膩口，請注意擠製的厚度。

開心果

糖漬葡萄柚
＋果凍膠

香堤鮮奶油

迪普洛曼鮮奶油

達克瓦茲塔＋
加了櫻桃白蘭地的糖漿

以明確的新概念，讓大家
熟悉的小蛋糕更富魅力

草莓千層派

裏覆大量鮮奶油的草莓，吃起來感覺更水嫩多汁，也增進和香酥派皮間的對比口感。主廚雖主張只裝飾能吃的
食材，但最上面的草莓連蒂較方便食用，所以才保留果蒂。　420日圓

作法→P101│Pâtisserie Shouette

草莓+果凍膠
香堤鮮奶油
千層派用
鮮奶油
糖粉
起酥皮麵團
草莓

作法→P101

Point 1
不破壞鮮奶油彈性
完成後才濃稠綿密

1　選用乳脂肪成分高的鮮奶油，加入糖粉和君度
橙酒後打至九分發泡。在煮到變濃稠的卡士達
醬中加入1/3量，混拌到八成均勻時，再加入
剩餘的，為避免破壞彈性，切勿過度混合。

Point 2
上面的千層酥皮
先切出完成時的寬度

1　切成8mm寬的千層酥皮2片一組，其中一片每
間隔3.3cm切開備用。沒切的那片上擠滿鮮奶
油，放上草莓讓高度一致，草莓之間也擠上鮮
奶油。

2　在1的上面再擠滿鮮奶油，放上已切成3.3cm
寬的千層酥皮，用刀從縫隙間切到底下的酥
皮。一口氣直接切下，才能切出平整漂亮的斷
面。

以楓糖和肉桂香味包裹
生的和焦糖香煎2種蘋果

鄉村塔

放上蘋果和紅薯，撒上酥粒再烘烤，這是讓人聯想到秋天果實的「田園風」塔。組合了生蘋果和楓糖焦糖化香煎的蘋果，能讓人充分享受口感與風味上的變化。　399日圓

作法→P102│Pâtisserie Shouette

肉桂粉
蘋果
香堤鮮奶油
焦糖煎蘋果
糖粉
法式甜塔皮
酥粒
杏仁鮮奶油
糖漿煮紅薯

Point ┃ 烤好後為避免扁塌，讓杏仁鮮奶油飽含空氣

1　打散蛋。蛋是冰的或室溫太低時，可隔水加熱至人體體溫的程度。加熱後容易含有空氣，讓奶油容易打發。

2　在攪拌成乳脂狀的奶油中加入杏仁糖粉，用攪拌器以低速攪打，混勻後轉高速。過程中，察看狀態，將黏附在攪拌器上的鮮奶油刮落，均勻混合。攪拌到泛白，能沾附在攪拌器上即可。

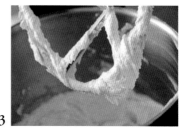

3　攪拌器一面攪拌，一面慢慢加入1的蛋汁，讓鬆軟的鮮奶油攪拌到能再黏附在攪拌器上。裡面飽含空氣後，烤好後鮮奶油才不會扁塌，保持均勻的厚度。

パティスリー サロン・ド・テ　エム・エス・アッシュ

Pâtisserie Salon de thé m.s.h

從自學、探索的過程中
研發出新鮮口感的小蛋糕

　　在京都市政府附近安靜的押小路通的窄巷深處，有一家小店。但一推開白色店門，映入眼簾的卻是寬廣的中庭與咖啡座，相信誰都對此意外景象感到驚訝。雖然岸岡滿主廚「不是著眼於法國甜點」，但在顧客眼中，這家店是兼具京都與法國魅力的法國甜點店。

　　岸岡主廚是在法國餐廳工作後，才轉為甜點師傅。他不曾向特定的老師學藝，只靠自己不斷摸索、試驗，「歷經無數次失敗」後，才完成屬於自己的甜點配方。甜點製作上他最講究口感。為了讓每種蛋糕呈現不同個性的口感，主廚在採購準備、粉類過篩法、奶油融化法、蛋白打發法和隔水加熱的用法等方面都十分用心。他的甜點給人的印象是不甜膩，不過，甜點配方中的砂糖份量倒是一般。他表示刪除多餘元素的簡單構成，能使甜點味道更清新美味。

經營者兼甜點主廚
岸岡 滿
Mitsuru Kishioka

1965年生於京都市。曾陸續在京都的法國餐廳、大阪、東京的法國甜點店和飯店工作。2006年於現址開設「Pâtisserie Salon de thé m.s.h」法式甜點店。

在平台陳列櫃中，主要展示小蛋糕，口味依季節轉變，一天約有18種蛋糕。水果類和巧克力類約3：1的比例。

名稱源自街名，鮮奶油中藏有生麩的「麩屋瑞士捲」，是店內人氣第一的商品。生麩Q韌的口感和蛋糕的組合充滿趣味。口味包括捲包小米的「麩屋瑞士捲」和抹茶蛋糕中捲入艾草麩的「艾草麩瑞士捲」。

店裡每天大約變換5種不同的烘焙類甜點。

パティスリー サロン・ド・テ
エム・エス・アッシュ
Pâtisserie Salon de thé m.s.h

地　　址	京都市中京區押小路通麩屋町西入橘町630
電　　話	075-212-5388
營業時間	11時～20時
定 休 日	週四
U R L	無

甜點店內空間狹長，是以無人住的舊民宅改建而成。陽台座席擺設穩重的長形桌椅，以白和橘色為基調的室內設計，深受顧客喜愛。週末有許多觀光客和遠道而來的年輕人，平日以在地客為主。店內甜點為日本人容易接受的風味，因此也深獲年長顧客的好評。

柔軟口感中富彈性的蛋糕
滿載芒果組合起司的新鮮感

芒果蛋糕

正如芒果蛋糕的名字，這是一款散發濃郁芒果風味的水果蛋糕。表面裝飾的橙皮乾也有畫龍點睛的效果。裘康地杏仁蛋糕體的口感是最重要的美味焦點。　485日圓

作法→P103 | Pâtisserie Salon de thé m.s.h

Point 1 | 裘康地杏仁蛋糕體的麵糊攪拌成絲綢狀。蛋最好加熱備用

1
製作蛋糕基本麵糊。將全蛋、杏仁粉、糖粉用攪拌器打發，但放入全蛋後攪拌盆先隔水加熱，打發時較易含有空氣。

2
在加熱的全蛋中加入杏仁粉和糖粉，用攪拌器攪打。最後倒入攪拌盆中，攪打發泡讓它含有空氣，直到舀取麵糊滴落後，能留下絲綢般痕跡的狀態。

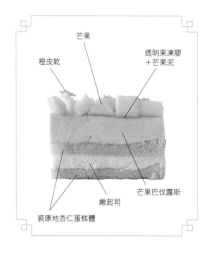

芒果
橙皮乾
透明果凍膠＋芒果泥
嫩起司
芒果巴伐露斯
裘康地杏仁蛋糕體

Point 2 | 蛋白霜充分攪打發泡備用

1
將蛋白和白砂糖攪打成蛋白霜。在攪拌盆中放入蛋白，加1小撮白砂糖，以中速開始攪打。

2
攪打到蛋白變黏稠五分發泡時，加入半量的白砂糖攪拌，轉高速繼續攪打到八分發泡，加入剩餘的白砂糖，最後以中速攪打調整發泡程度。

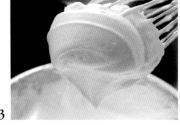

3
攪打到泛出光澤，拿起攪拌器蛋白霜尖端能豎起的狀態即可。將蛋白霜和蛋糕的基本麵糊混合，使用攪拌機混合的話，最後也要放入攪拌盆中，用手工攪打均勻。

Point 3 | 最初如切割般混拌，最後充分混拌

1
在基本麵糊中加入1/3的蛋白霜，加入篩過2次（視狀態也可篩3次）調整好細緻度的低筋麵粉混合，再加入剩餘的蛋白霜。最初如切割般大幅度混拌即可。

2
接著加入奶油，先在已融化的奶油中放入少量麵糊混合，混勻後倒回攪拌盆中，再混合整體。

3
從攪拌盆底舀取充分混合，直到蛋白霜混合均勻，奶油乳化。使用充分打發的蛋白霜，以搗碎般的感覺混合，才能烤出口感不致過度輕軟的蛋糕。

巧克力塔

巧克力和焦糖的濃厚風味與
甜塔皮的口感形成絕妙對比

法式甜塔皮中倒入焦糖，疊上海綿蛋糕和巧克力慕斯。藉助巧克力和焦糖和的相乘效果，塔的風味更
加濃郁，也讓人享受到與酥脆塔皮的對比口感。　451日圓

作法→P103│Pâtisserie Salon de thé m.s.h

噴槍用巧克力
巧克力淋面
巧克力慕斯
裹上焦糖的榛果
香堤鮮奶油
法式甜塔皮
＋可可奶油
拇指蛋糕體
焦糖

Point
趁砂糖泡沫下沉的
瞬間將焦糖
加入鮮奶油中

1 在鍋裡加入1/3量的白砂糖，一面攪拌混合，
一面煮融成黃褐色。這項作業反覆進行3～4
次，煮融所有白砂糖。其間加熱鮮奶油備用。

2 最初白砂糖的泡沫為白色，接著轉為褐色，繼
續熬煮泡沫會瞬間下沉。

3 抓準泡沫下沉的時間，一口氣倒入鮮奶油，一
面混合，一面觀察變濃稠後，離火。鮮奶油若
是冰的，倒入鍋中時會飛濺開來，所以需事先
加熱備用。

薄餅麵團的爽脆口感與
層疊鮮奶油一起活用在塔中

栗子塔

經常用於料理中的薄餅，主廚將它當作塔台來使用。輕薄爽脆的口感充滿新鮮感。塔中先擠入卡士達杏仁奶油餡，烤好後，再依序擠入卡士達醬和栗子鮮奶油。 535日圓

作法→P104 │ Pâtisserie Salon de thé m.s.h

Point
在薄餅麵團中塗上少量奶油。鋪入中空圈模中壓緊

1
薄餅約切成8cm方形，用刷子塗上融化奶油液，份量以在四周和中心呈點狀分布即可。將4片薄餅的一部分重疊，成為比中空圈模大一圈的大小。

2
將薄餅鋪入中空圈模中。薄餅很薄、容易變乾、破裂，所以用指尖連同中空圈模一起按壓，將突出的部分往內摺縐，讓薄餅剛好鋪入模型中。

3
在中空圈模中擠入卡士達杏仁奶油餡至八分滿的高度。

澀皮栗甘露煮
銀箔
巧克力裝飾
栗子鮮奶油
糖粉
薄餅
卡士達杏仁奶油餡
卡士達杏仁奶油餡＋蘭姆酒

蛋糕給人的印象是開心果風味中
分布著覆盆子濃厚美味

西西里蛋糕

開心果蛋糕體上交錯重疊4層開心果鮮奶油和覆盆子鮮奶油。不致於太柔軟的鮮奶油
口感，更加突顯覆盆子的濃郁風味。　485日圓

作法→P104 | Pâtisserie Salon de thé m.s.h

Point

開心果鮮奶油
攪打至七分發泡

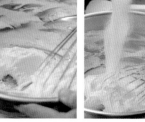

1

開心果鮮奶油中的奶油，先充分混拌成乳脂狀
後，再分2～3次加入白砂糖。

2

每次加入白砂糖後，都要充分攪打至泛白為止。
加入所有白砂糖後，成為飽含空氣的發泡狀
態。攪打發泡過度會產生分離現象，攪打至七
分發泡即可。

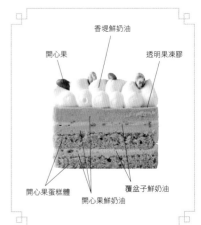

香堤鮮奶油

開心果

透明果凍膠

開心果蛋糕體

覆盆子鮮奶油

開心果鮮奶油

鮮奶油和塔皮的酥鬆口感，
更加突顯洋梨的清爽風味

洋梨塔

這個塔是在法式甜塔皮中，重疊放入蜜煮洋梨和洋梨鮮奶油，再放上吉布斯特醬。為秋、冬限定商品。洋梨鮮奶油經慢慢熬煮，完成時呈現略為濃厚的口感。　483日圓

作法→P104｜Pâtisserie Salon de thé m.s.h

小泡芙＋糖粉
白砂糖（焦糖化）
吉布斯特醬
法式甜塔皮＋可可奶油
洋梨鮮奶油
蜜煮洋梨

Point　**洋梨鮮奶油隔水加熱熬煮。「慢熬細煮」是最大的重點**

1

將全蛋、白砂糖、奶油和洋梨泥混合，一面過濾，一面放入鍋中。

2

隔水加熱，用水不會滾沸溢出的程度的大火來加熱，一面不停混合，一面熬煮。煮5～6分鐘讓鮮奶油泛出光澤，慢慢變濃稠。若加熱到攪拌時能看到鍋底的話，就停止隔水加熱。

3

接著直接從鍋底開火加熱，一面混合，一面熬煮，熬煮到能看到鍋底，並嘆滋冒泡後即完成。將鍋離火，放涼。

パティシエ　ヒロ ヤマモト

Pâtissier Hiro Yamamoto

發現富魅力食材，構思如何靈活善用，
以強烈探求心和提升技術來增進獨創性

　　山本主廚也具有意大利廚師與麵包師傅的經歷，在法國還成為頂尖的飴糖細工師傅。他曾擔任「Pierre Hermé Paris」的法國甜點主廚，製作的馬卡龍也深獲好評。現在他從各種經驗中自由的提取創意與技術，與傳統的法國甜點揉和後，研發出許多獨創性高的甜點。主廚表示「因為是自己的店，所以我希望做自己想做的。發現好食材後積極採用，從如何善用的觀點來構思甜點」為突顯素材的美味，主廚仔細控制甜度。甜點的每個部分他都很講究，連蜜煮水果或果醬等也親自從頭製作。主廚以前所未有的理想美味為目標，諸如入口即化的鮮奶油、質地極細緻的麵團等，也挑戰新的手法，並且積極的運用在新作品中。

經營者兼甜點主廚

山本 浩泰
Hiroyasu Yamamoto

1976年生於日本廣島縣。曾於廣島市內的義大利料理店擔任甜點師傅，從此踏上製作甜點之路。在神戶的「Daniel」等店工作後赴法。前後在「L'Imperial」、「Gurandan（音譯）」等店修業，2004年獲得Arpajon Concours飴細工項目優勝等。回國後，曾在飯店、餐廳等地工作，後進入「Sébastien Bouillet」、「Pierre Hermé Paris」等店，2011年1月開設「Hiro Yamamoto」甜點店。

上層主要展售山本主廚的拿手甜點馬卡龍，另有布丁、泡芙等。下層為獨創的冷藏類蛋糕。每月還有4種新品登場，加入從近180種甜點食譜中選出的定番甜點中。

在小蛋糕中，千層派擁有一定的人氣。新創作蛋糕包括使用季節素材等有季節感的商品，以及組合素材有趣新穎商品等。

幾近滿溢的華麗裝飾也是山本主廚的甜點風格。該店也提供各種尺寸的蛋糕。

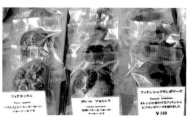

除了烘焙類甜點外，該店也販售果醬和巧克力等。和蛋糕一樣都採用十分講究的素材製作。

有時開店前顧客排成人龍，為的是剛出爐的麵包，也能買到使用法國產麵粉製作的土司。

五顏六色、色彩繽紛的馬卡龍，有百種以上的口味。平時販售十種，系列組合的馬卡龍，以及以馬卡龍變化的珍稀蛋糕，也深受大眾歡迎。

パティシエ

ヒロ ヤマモト
Pâtissier Hiro Yamamoto

地　　址	東京都江戶川區篠崎町1-403-11
	ピラトウス（Pilatus）篠崎1號室
電　　話	03-6638-6751
營業時間	10時30分～19時30分
定 休 日	週三、第3個週二
Ｐ Ｕ Ｒ Ｌ	無

減少甜分的濃醇巧克力蛋糕與
橙皮乾淡淡的苦味及高雅香氣非常對味

柳橙巧克力蛋糕

裡面暗藏風味豐富的自製橙皮乾，這是一款古典風味的柳橙巧克力蛋糕。透過簡單的構成，讓人
充分享受蛋糕細緻的風味與豐潤的口感。　400日圓

作法→P106｜Pâtissier Hiro Yamamoto

Point 1　麵糊勿過度混合，以免口感變硬

1　將巧克力、奶油和鮮奶油混合，加熱至40〜45℃，用打蛋器混合讓它完全煮融。巧克力是使用可可成分59.5%的甜黑巧克力。

2　將蛋黃、白砂糖和柳橙皮充分混合變得泛白、黏稠為止，加入1中。混合麵糊，混成大理石紋理狀即可。過度混合的話，蛋糕質地會變硬，這點請留意。

3　製作七分發泡的蛋白霜，在2中加入1/3的量。這裡也是如切割般混拌，混成大理石紋理狀後即可，切勿充分混勻。

4　在可可粉和低筋麵粉中，輕輕撒入切小丁的橙皮乾。混合備用，這項作業能使蛋糕烤好後，橙皮乾不致沉入麵糊底部。

5　在3中加入4。重點是粉類也不可混合過度。從盆底如切割般混合，混合至粉類大約還殘留1/3量時停止。

6　加入剩餘的蛋白霜，這次要充分混合。注意顏色的變化，顏色稍微變濃的瞬間立即停止加入。

Point 2　放入模型中烘烤，保持濕潤感

1　該店以2週時間自製橙皮乾。只使用夏季採收皮厚的瓦倫西瓦（Valencia）產的柳橙。煮的時候不要煮沸，煮至90〜98℃時即熄火。每天重複此作業，直到橙皮乾散發濃郁香味和高雅的甜味。

2　蛋糕若整片烘烤再分切，切面容易變乾。該店以特別訂製的模型烘烤，烤好後立刻撕下烘焙紙讓熱氣散發，餘溫才不會蒸發蛋糕的水分。

橙皮乾
金箔
黑巧克力
糖粉
香堤鮮奶油
巧克力蛋糕體

以奶香味的開心果香堤鮮奶油為主角，
美麗層次表現出色香味與口感的多樣化

西西里蛋糕

主廚以溫潤的2種綠色鮮奶油和達克瓦茲蛋糕，自然呈現開心果的香味與味道。厚度稍微改變的2片
巧克力的口感，與覆盆子的酸味成為重點美味。　480日圓

作法→P106 | Pâtissier Hiro Yamamoto

醋栗　　　覆盆子
　　　　　　　　　馬斯卡邦白巧克
黑巧克力　　　　　開心果
　　　　　　　　　香堤鮮奶油
可可粉
　　　　　　　　　開心果
　　　　　　　　　慕斯鮮奶油
覆盆子籽醬　　開心果達克瓦茲蛋糕體

Point

煮沸後讓它乳化
完成細滑有硬度的
香堤鮮奶油

1 將鮮奶油、馬斯卡邦起司、開心果泥混合，一面靜靜煮沸，一面混合。在乳製品的脂肪成分中還加入開心果泥的油脂，所以一定要煮沸。

2 將1倒入白巧克力中，也加入吉利丁，用手握式電動攪拌器充分混合，使其完全融解。此階段還是液體狀態。

3 放入冷藏室24小時以上使其融合，以乳脂肪的力量讓它凝固，變成細滑的香堤鮮奶油。每次用打蛋器只打發需要的用量。因加熱過，所以能冷藏保存4天的時間。

以光亮的淋面包覆入口即化的
慕斯和酥脆的榛果脆片

加勒比巧克力蛋糕

榛果脆片是用榛果醬和牛奶巧克力混合而成，以芳香的占度亞榛果巧克力為基材。運用4種素材
讓人充分品味可可風味，是一道味道豪華的甜點。　480日圓

作法→P107｜Pâtissier Hiro Yamamoto

Point
加入奶油
會鎖住材料風味，
所以最後再加入。

1

榛果醬中加入熱牛奶巧克力混合。在巧克力凝固前迅速作業。

2

加入酥片，用橡皮刮刀迅速混合。加入大量酥片，烤好後能保有酥脆口感。

3

加入融化的常溫奶油，大致混合。以乳脂肪的力量凝結材料，讓它凝固。加入熱的清澄奶油液，會形成顆粒使口感變差，這點請注意。

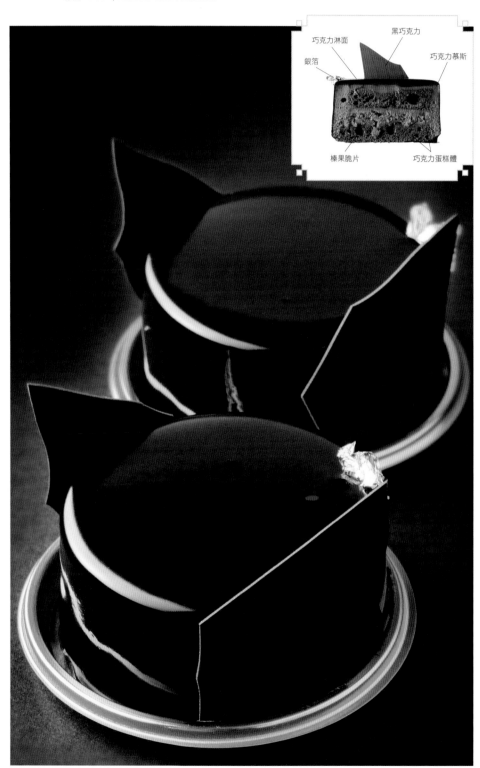

黑巧克力
巧克力淋面
巧克力慕斯
銀箔
榛果脆片
巧克力蛋糕體

入口即化的巧克力藍莓鮮奶油中
加入薰衣草香味，展現優雅氛圍

拉芳杜蛋糕

加入乾薰衣草的酥片，裝飾在藍莓風味巧克力鮮奶油上。水果和香草的天然芳香，更加
突顯巧克力的濃厚美味。　480日圓

作法→P108 ｜ Pâtissier Hiro Yamamoto

藍莓　蜜煮無花果
酥片　　　　　糖粉
巧克力藍莓鮮奶油　黑巧克力
無粉蛋糕體

Point
一面讓溫度下降，
一面分3次
加入材料讓它乳化

1

將煮沸的鮮奶油和水飴加入巧克力中，用手握
式電動攪拌器混拌，直到充分乳化泛出光澤為
止。這時溫度冷卻至40～45℃。

2

一面加入常溫的藍莓泥，一面混合，讓它再度
乳化。加入冰藍莓泥，巧克力會凝固，所以一
定要使用常溫的藍莓泥。

3

接著再加入冰鮮奶油，一面讓它第3次乳化，
一面讓溫度降至26℃為止。這樣冷藏凝固後，
巧克力鮮奶油才能成為保有最多水分、最佳固
形性和口感。

組合馬卡龍呈現蒙布朗風味的和栗蛋糕。
讓人充分品嚐季節食材豐富的美味

栗香馬卡龍蛋糕

島根產整顆糖漿煮栗和宮崎產栗子泥製成鮮奶油狀，和山本主廚特製的馬卡龍組合。在中央夾入包裹
和栗的楓糖鮮奶油。　480日圓

作法→P108 | Pâtissier Hiro Yamamoto

可可粉
糖粉　　糖衣夏威夷豆
馬卡龍　　糖漿煮蒸栗
楓糖鮮奶油　　栗子餡

**注意鮮奶溫度及
不可攪打過度
以完成細滑栗子餡**

1
將栗子泥和奶油混合。為活用栗子美味及組合
鮮奶油，只混合奶油、鮮奶和吉利丁，不加入
其他多餘材料。

2
混合常溫的鮮奶和吉利丁，一面混合，一面加
入1中。使用冰鮮奶會結粒，一定要使用常溫
或溫熱的鮮奶。

3
過度打發或有小顆粒的話，將破壞栗子餡的口
感。口感一旦變差，栗子味也會變淡。請仔細
確認鮮奶油的狀態，若有顆粒的話，立刻停止
混合。

ポッシュ ドゥ レーヴ 蘆屋

Poche du Rêve

重視獨創性和新鮮度
提供在地客最優質的甜點

在大學念法國文學的伊東福子小姐，經歷教職工作之後，於24歲時選擇走向法國甜點之路。她成功克服女性和年紀的不利條件，經飯店工作的磨練後，於2009年獨立開設了今天這家店。她認為製作甜點最重要的是獨創性和新鮮度。她反覆不斷研究直到自己徹底了解，進而完成獨一無二的甜點食譜。如此製作出的「獨家甜點」，銷售時講究新鮮度。冷藏類甜點以當天製作為原則。蘆屋店價格實惠，但對品質的要求卻十分嚴格。這家個人店在當地受到喜愛，必然擁有其他店所欠缺的價值，蘆屋的價值就在於品質，是「質重於量」的店家。在被視為開店難長久，甜點激戰區的當地，那樣的風格不僅展現出伊東主廚製作甜點的態度，也被周邊地區的顧客廣泛接受，獲得很高的評價。

經營者兼甜點主廚
伊東 福子
Fukuko Ito

出生於日本兵庫縣。神戶海星女學院法語法國文學系畢業。曾在France Ecole Ritz Escoffier、東京代官山Le Cordon Bleu等校學習製作甜點。日後曾在兵庫縣的蛋糕店、東京的Palace Hotel、神戶的Portopia Hotel「Alain Chapel」工作，2009年於現址開設「Poche du Rêve 蘆屋」。2006年，參加東京舉辦的Japan Cake Show，在糖果＆蛋糕項目中獲得聯合大賽會長獎。

每天該店約製作20種冷藏類甜點。展示櫃中陳列約15～16種，全年商品中，高達2成是季節商品或新口味甜點。每種類別的麵糊和鮮奶油均不同，透過不同素材的組合與搭配，讓顧客充分享受加乘的美味。

主廚重視甜點、少裝飾，因此蛋糕的設計都非常簡單。為避免展示櫃中的色彩太過單調，常年供應的蛋糕中會選用孟加里巧克力、開心果和咖啡等有色彩的食材來補強。

和三盆沙布蕾

**ポッシュ ドゥ レーヴ
蘆屋**
Poche de Rêve

地　　址｜兵庫縣蘆屋市公光町9-7
　　　　　モントルービル(Montreux building) 101
電　　話｜0797-32-0302
營業時間｜10時30分～19時
定 休 日｜週二、週四
U R L｜http://www.poche-du-reve.com/

該店約有20種烘焙類甜點（上圖），做成感覺跟美味的一口大小。該店的烘烤類甜點以講究鮮度而聞名，賞味期限從3天至最長2週時間，期限儘管比其他店短，但依然有許多顧客選購作為禮物用。人氣第一的是「和三盆沙布蕾」（右上圖），它是2006年東京舉辦的Japan Cake Show的得獎作品。在環狀模型中，放入只有手工才做得出的柔軟沙布蕾麵糊燒烤，之後再撒上和三盆糖。這個甜點常用於結婚禮盒中。

在充滿層次的巧克力中
加入薑和檸檬的清爽風味

生薑巧克力蛋糕

這個蛋糕中使用含不同可可份量的巧克力，重疊不同溶口感的慕斯、鮮奶油和巧克力淋醬。夾入檸檬鮮奶油的達克瓦茲蛋糕的口感和清爽酸味，使整體風味更香郁凝鍊。　580日圓

作法→P109 | Poche du Rêve

金箔
黑巧克力　　奶油巧克力淋醬
噴槍用黑巧克力　　　歐薑巧克力慕斯

檸檬達克瓦茲蛋糕　　　薑味巧克力鮮奶油
巧克力奶酥醬　　檸檬奶油醬

Point　檸檬奶油醬製作成略具延展性

1
檸檬風味的奶油醬重視溶口感，為了塗抹的方便性，以製成略有延展性和柔軟度為目標。為此，熬煮義大利蛋白霜用的糖漿時，加熱至115℃讓糖漿變濃稠為止，不可熬煮過度。

2
在蛋白中一面慢慢加入115℃的糖漿，一面攪打發泡。攪拌機在加入糖漿時轉為低速，加完後轉為高速攪打。再倒入攪拌盆中，放入冷藏室冷卻備用（因為若是熱的，奶油加入後會融化）。

3
為了讓奶油醬完成後口感不會太輕柔，在奶油中加入乳瑪琳（比例1:1），和杏仁醬一起用攪拌機攪打發泡，變得泛白、柔軟為止。之後，分2次加入義大利蛋白霜混合，最後加入檸檬濃縮汁。

追求入口即化的細滑口感，以保型配方
呈現甜點般的輕盈、豪華感

開心果蛋糕

主廚注重慕斯的溶口感，配方中採用最少量的吉利丁。為避免破壞慕斯的味蕾觸感，巧克力蛋糕體須完全
無粉末顆粒，以融化奶油液將可可粉調成糊狀後再加入。 460日圓

作法→P109 | Poche du Rêve

Point

奶油和可可粉混合，製成無粉粒蛋糕體

1

製作巧克力蛋糕體。將全蛋、蛋黃和白砂糖隔
水加熱攪打發泡，加入過篩的低筋麵粉和玉米
粉混合。為避免氣泡破掉，如從盆底舀取般大
幅度混拌。

2

可可粉中加入融化奶油液（約40℃）混成糊
狀。一般作法是麵粉和可可粉一起過篩加入，
主廚希望消除粉粒而採取此方法。

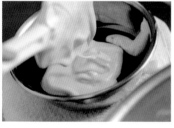

3

先舀取少量1的麵糊加入2中混合後，再全部
倒入1的攪拌盆中混合整體。這時，2的可可
糊比麵糊溫度低的話，會結塊產生黏性，這點
請留意。所以可可糊最好在混入麵糊之前才製
作，可依據不同的放置處和氣溫，以隔水加熱
的方式保溫。

覆盆子
糖粉
果凍膠
開心果
開心果慕斯
覆盆子
巧克力蛋糕體
覆盆子奶油醬

利用濃郁堅果突顯栗子美味
讓人感受秋之果實的蛋糕

栗子果仁蛋糕

在栗子塔上放上以英式蛋奶醬為基材的細滑果仁慕斯。主廚巧妙的調配香味和甜味，展現栗子更
優的美味，還能享受恰到好處的嚼感與口感的變化。為秋冬限定蛋糕。 480日圓

作法→P110 | Poche du Rêve

裹上牛奶巧克力的酥片
澀皮栗
栗子鮮奶油
果凍膠
果仁慕斯
法式甜塔皮
澀皮栗
榛果鮮奶油＋卡士達醬

Point ┃ **果仁慕斯是混合英式蛋奶醬和鮮奶油**

1

英式蛋奶醬加入果仁醬熬煮，再加用水泡軟的
吉利丁片和為增加濃郁度的牛奶巧克力煮融。
攪拌盆底泡入冰水中讓它稍微變涼後，加入堅
果香甜酒。

2

攪拌盆底泡著冰水繼續混合，冷卻到用橡皮刮
刀能畫出線條般的濃稠度為止。其間加入打至
七分發泡（接近英式蛋奶醬的濃稠狀態）的鮮
奶油。

3

分2次加入攪打發泡的鮮奶油混合。鮮奶油的
發泡度若和英式蛋奶醬的濃度有差異，將造成
分離現象，加入果仁醬的英式蛋奶醬會沉在慕
斯的下半部。

以堅果和酒香突顯咖啡與巧克力，
濃淡合宜、味道均衡，女性也容易接受。

咖啡巧克力蛋糕

在消除蛋腥味的慕斯和咖啡豆煎製的布蕾中，主廚儘可能活用咖啡和巧克力的風味，並以含可可成分56％具堅果香味的巧克力，低酒精配方的慕斯輕盈感，讓蛋糕融為一體。　480日圓

作法→P110 ｜ Poche du Rêve

Point
**咖啡巧克力慕斯
在蛋黃霜中加入白蘭地
以消除蛋腥味**

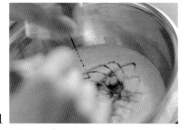

1

配方不只用蛋黃，而是用全蛋，以蛋白的力量讓慕斯產生輕盈感。加入煮沸的糖漿，隔水加熱至80℃，並加入咖啡濃縮精和雅馬邑白蘭地酒，在味覺和嗅覺上都增加香味，以消除蛋腥味，讓咖啡香突顯出來。

2

主廚重視細滑柔順的口感，先過濾一次。放入攪拌機中，以高速攪打發泡變黏稠，最後改用中速攪打調整紋理。

3

在隔水加熱至40～42℃融化的巧克力中，加入攪打至六分發泡、已冷卻至10℃的半量鮮奶油，讓它乳化。確認慕斯泛出光澤變細滑後，加入所有2的蛋黃霜，最初用打蛋器整體混勻後，改用橡皮刮刀混拌，注意舀取混拌別攪破氣泡。混入剩餘的鮮奶油，咖啡巧克力慕斯即完成。

黑巧克力淋面
咖啡巧克力慕斯
巧克力酥片
咖啡布蕾
巧克力淋醬
榛果達克瓦茲蛋糕體

在蘭姆酒和葡萄乾的固定組合中
融合伯爵紅茶香味，展現洗練的味道

蘭姆葡萄乾蛋糕

楓糖裘康地杏仁蛋糕體是蛋糕的關鍵。主廚以楓糖來融合蘭姆、伯爵紅茶兩者的濃郁香味。並以不加麵粉無嚼勁的口感，來連結存在感不突出的慕斯和可麗餅。　480日圓

作法→P111 | Poche du Rêve

Point 1　楓糖裘康地杏仁蛋糕體中，蛋黃霜和蛋白霜攪打發泡的時間點需一致

1

將杏仁粉，楓糖混合過篩，加入全蛋中混合。用攪拌機攪打發泡變黏稠。

2

製作蛋白霜。一面慢慢加入白砂糖，一面充分攪打發泡。為了1和2兩者在最佳狀態下混合，需斟酌攪打完成的時間點。

3

可麗餅和慕斯之間因為以蛋糕體來連結，為避免存在感太突兀，蛋糕體中不加入麵粉。因此，需要充分攪打才能呈現份量感。將1和2混合，加入融化奶油後，混合時也要避免弄破氣泡。

Point 2　製作伯爵紅茶鮮奶油時，用最少的水量煮紅茶，讓味道和香味釋出

1

為了提引出伯爵紅茶的香味和口感，先將茶葉煮開。在鍋裡放入茶葉，加入能浸濕茶葉最少的水量，開小火一面加熱，一面混合煮至葉片展開。

2

倒入冰的鮮奶油和鮮奶。若加入熱的，茶葉會產生澀味，所以要直接加入冰的再加熱。但是，加熱過久茶葉也會有澀味，這點請注意。

3

快煮沸前離火，過濾。之後加入攪拌成乳脂狀的蛋黃中，倒回鍋中再開火加熱，煮成英式蛋奶醬。加入吉利丁和奶油，奶油有助保型並有調和紅茶澀味的效果。

Point 3　葡萄乾清洗後，放入蘭姆酒中浸漬

1

使用無蠟的葡萄乾。為了去除肉眼看不見的污垢或灰塵等，放入熱水中攪拌混合，讓細小污垢融於熱水中，共清洗2次。

2

將瀝除熱水的葡萄乾放入容器中，倒入蘭姆酒，放入冷藏室冷藏約2、3天，直到葡萄乾膨脹，咬下汁液會噴出為止。長時間浸漬味道會變圓潤，最好放置1週以上的時間（最長約可保存1個月）。

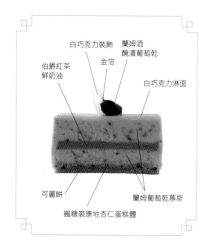

白巧克力裝飾　蘭姆酒
　　　　　　　醃漬葡萄乾
伯爵紅茶　　　金箔
鮮奶油
　　　　　　　　　　白巧克力淋面

可麗餅　　　　　　　蘭姆葡萄乾慕斯
　　　楓糖裘康地杏仁蛋糕體

作法

使用前須知

●食譜的材料、份量和作法，均依照各店的標示，即使相同內容，標示也可能不同。

●份量中標示「適量」與「適宜」者，請一面視情況，一面依個人喜好斟酌。

●材料表的鮮奶油和鮮奶的「％」是指乳脂肪成分，巧克力的「％」是指可可成分。

●使用檸檬、柳橙等的果皮時，請選用有機栽培、無上蠟的水果。

●除了特別標示的之外，泡軟吉利丁所用的水是從材料中省下來的。

●無鹽奶油的正式標示為「不使用食鹽奶油」，本書中標示為通稱的「無鹽奶油」。

●加熱、冷卻、攪拌時間等，是以各店使用的機器為基準。

Junichiro Hongo, Pâtisserie La Girafe

本鄉 純一郎　パティスリー ジラフ

雷必裘里安（L'Epicurien）蛋糕

圖片→P4

※7cm×7cm×高2cm的方形模約35個份

〈巧克力蛋糕體〉（33cm×48cm的長方形模1個份）

A | 60％巧克力　200g
　 | 發酵奶油　90.5g
B | 蛋白　3.7個份
　 | 白砂糖　81g
C | 蛋黃　3.7個份
　 | 白砂糖　81g
D | 低筋麵粉　36g
　 | 玉米粉　36g
　 | 杏仁粉　48g
　 | 可可粉　23g

1　將A隔水加熱煮融。
2　將B攪打成蛋白霜。
3　將C隔水加熱，一次全加入1中混合。
4　將2的一部分加入3中混合後，再加入剩餘的全部混合。
5　將D混合過篩（使用前才過篩），加入4中混合。
6　在鋪了烤焙墊的烤盤上倒入5，抹平。
7　放入上火200℃、下火200℃的烤箱中約烤4～5分鐘，放涼。
8　用6.5cm×6.5cm的方形切模，切割7的蛋糕體，連模型一起冰涼備用。

〈松露布蕾鮮奶油〉

鮮奶　511g
新鮮松露（黑）　17g
A | 蛋黃　11個份
　 | 白砂糖　227g
　 | 47％鮮奶油　624g
　 | 吉利丁片　15.5g
鹽　2.2g
松露油　1.8g

1　在攪拌機中放入約1/3量的鮮奶和松露一起攪打，倒入鍋中煮沸，加蓋備用。
2　加入剩餘的鮮奶、用A煮的英式蛋奶醬及用冰水泡軟的吉利丁片，過濾。吉利丁片用水泡軟時，水溫較高會融化，所以用冰水泡軟。
3　將1加入2中混合，放涼直到變濃稠為止。
4　在3中加入鹽和松露油。

※內餡製作
1　將松露布蕾鮮奶油倒入方形（「巧克力蛋糕體」作法8）模型中，放入冷凍室中。
2　待1凝固後，拿掉方形模備用。

〈巧克力〉

巧克力（黑）　適量

1　將巧克力調溫，薄薄的抹平，用切模切成7cm×7cm的方形，中央再用3cm×3cm的切模切割。多做幾個備用。

〈巧克力淋醬〉

A | 65％巧克力　142g
　 | 41％牛奶巧克力　35.5g
B | 35％鮮奶油　133g
　 | 47％鮮奶油　133g
可爾必思奶油　54g
干邑白蘭地（cognac）　80g

1　將A混合隔水加熱煮融。
2　將B混合煮沸，加入1中。
3　將攪拌成乳脂狀的可爾必思奶油加入2中混合，加入干邑白蘭地，再倒入6.5cm×6.5cm的方形模型中。
4　放入冷凍室冷凍凝固。
5　凝固後脫模備用。

〈巧克力慕斯〉

A | 70％巧克力　373g
　 | 60％巧克力　144g
　 | 41％牛奶巧克力　129g
B | 蛋黃　15個份
　 | 白砂糖　107g

| 鮮奶 600g |
| 35%鮮奶油 440g |

35%鮮奶油（攪打至六～七分發泡備用） 225g

1 將A混合隔水加熱煮融。
2 將B煮成英式蛋奶醬，一面過濾，一面加入1中混合。
3 將2放涼至人體體溫程度後，加入發泡鮮奶油充分混合。

〈組合和完成〉
噴槍用巧克力（巧克力300g、葡萄籽油45g）、覆盆子（切半）、外裹巧克力糖衣的穀物食品（法芙娜〔Valrhon〕公司「穀物巧克力球（Pearl Kurakkan）」）、胡椒、可可粉

1 在7cm×7cm×高2cm的方形模中，倒入巧克力慕斯至六分滿的高度，從上壓入以巧克力蛋糕體和布蕾鮮奶油製作的內餡（勿過度下壓）。
2 放入冷凍室中冷凍凝固。
3 凝固後脫模，噴上巧克力。
4 放上巧克力淋醬製作的底座，放上3。
5 在四角放上覆盆子，中央放上「穀物巧克力球」，撒上胡椒，放上撒了可可粉的巧克力。

橙香栗子蛋糕　圖片→P6

※直徑7.5cm×高2.5cm的中空圈模約100個份

〈巧克力蛋糕體〉
A	發酵奶油 120g
	60%巧克力 150g
B	蛋黃 6個份
	35%鮮奶油 50g
	47%鮮奶油 50g
	白砂糖 200g
C	蛋白 6個份
	白砂糖 120g
D	低筋麵粉 40g
	可可粉 100g

榛果（烤過切粗末） 適量

1 將A隔水加熱煮融。混合B所有的材料。
2 將C的材料攪打成七～八分發泡的蛋白霜，白砂糖分3次加入混合。
3 將D過篩備用。
4 將混合好的B隔水加熱，一次加入已融化的A中混合。
5 在4中加入2的1/3量的蛋白霜混合後，再加入所有剩餘的進行混合。勿充分混勻，混合至八分勻即可。
6 在5中加入3，大幅度的混拌。
7 將6的麵糊裝入擠花袋中，以直徑7mm的擠花嘴將麵糊擠出比直徑5cm還小一圈的大小，撒上榛果。
8 放入上火190℃、下火190℃的烤箱中，一面視烘烤狀況，一面約烤11分鐘。

〈咖啡鮮奶油〉
蛋黃 12個份
鮮奶 528g
35%鮮奶油 387g
47%鮮奶油 387g
| A | 白砂糖 168g |
| | 即溶咖啡（雀巢咖啡） 36g |
吉利丁片 21.6g

1 在鍋裡放入鮮奶和鮮奶油，開火加熱煮沸。一部分放入攪拌盆中備用。
2 在1的攪拌盆中放入蛋黃打散，充分混合，再加入A混合。
3 將剩餘的1全加入2中，充分混合倒回鍋中，煮成英式蛋奶醬。
4 加入用冰水泡軟的吉利丁片，過濾。

〈蘭姆巧克力淋醬〉
A	65%巧克力 288g
	41%牛奶巧克力 72g
B	35%鮮奶油 270g
	47%鮮奶油 270g
可爾必思奶油（攪拌成乳脂狀備用） 150g
蘭姆酒 162g

1 將A隔水加熱。
2 將B開火加熱煮沸，加入A中讓它乳化。稍微放涼。
3 在2中加入可爾必思奶油充分混合。
4 在3中加入蘭姆酒混合。

※製作內餡
準備直徑6cm的中空圈模，倒入約5mm厚的咖啡鮮奶油，冷凍。上面再倒入3mm厚的蘭姆巧克力淋醬後冷凍。

〈栗子奶油醬〉（Crémeux au marron）
栗子鮮奶油★ 2405g
A	蛋黃 48個份
	白砂糖 596g
	鮮奶 854g
	47%鮮奶油 2405g
	吉利丁片 57.7g
可爾必思奶油 1528g

1 用A的材料煮成英式蛋奶醬。
2 在1中加入用冰水泡軟的吉利丁片，過濾放入栗子鮮奶油中，一面充分混合。
3 加入可爾必思奶油充分混合，放涼。

★栗子鮮奶油
栗子醬 3kg
47%鮮奶油 300g

1 栗子醬充分攪拌，慢慢加入煮沸的鮮奶油混合。

〈組合和完成〉
葡萄籽油、噴槍用巧克力（葡萄籽油45g、牛奶巧克力300g）、可可粉、糖漬橙皮（Confits d'orange）、巧克力

1 準備直徑1cm左右的圓形密閉容器，薄塗葡萄籽油。放好中空圈模，充分冰涼備用。
2 將栗子奶油醬倒入中空圈模約六～七分滿，淋醬那面朝下放入以咖啡鮮奶油和蘭姆巧克力淋醬製成的冷凍內餡。用湯匙刮平栗子奶油醬，蓋上巧克力蛋糕體。放入冷凍室冷凍凝固。
3 將2完成的蛋糕脫模，噴上巧克力。
4 用可可粉、切碎的糖漬橙皮和巧克力做裝飾。

椰子蘿勒鳳梨蛋糕　圖片→P7

※直徑7.5cm×高2.5cm的中空圈模約25個份

〈椰子杏仁蛋糕體〉
A	蛋白 325g
	白砂糖 81g
B	杏仁粉 162.5g
	椰子粉 162.5g
	糖粉 243g

1 將A攪打成蛋白霜。
2 將B混合過篩，慢慢加入1中。
3 將2裝入擠花袋中，以直徑8mm的擠花嘴，擠成直徑6.5cm厚2～3mm的大小。
4 放入上火200℃、下火200℃的烤箱中，約烤7分鐘。

〈青醬巴伐露斯〉（約25～30個份）
A	蛋黃 3個份
	白砂糖 20.5g
	鮮奶 99.5g
吉利丁片 6g
B	35%鮮奶油 99.5g
	47%鮮奶油 99.5g
青醬★ 18g
鹽 0.9g

1 將A煮成英式蛋奶醬，加入用冰水泡軟的吉利丁片，過濾，放涼。
2 將B攪打至六～七分發泡，加入青醬和鹽。
3 倒入直徑6cm的中空圈模中至6mm高度，冷凍。

★青醬
羅勒（以沸鹽水燙過攪碎）　50g
橄欖油　150g

1 在攪拌機中放入羅勒和橄欖油，充分攪打混合。

〈百香果蜜煮鳳梨〉
鳳梨　250g
百香果醬汁★　250g
A｜果膠（Pectin）　3.6g
　｜白砂糖　101g

1 百香果醬汁放入鍋中煮沸，在充分混合的A中加入約1/3的量，充分混合後再倒回鍋中。
2 再煮沸，加入切成長約2.5cm、寬3～4mm的鳳梨，再次煮沸。
3 以冰水冷卻。

★百香果醬汁
百香果泥　250g
A｜白砂糖　75g
　｜果膠　3.2g

1 百香果泥放入鍋中煮沸，在充分混合的A中約加入1/3的量，充分混合後再倒回鍋中。
2 再煮沸，舀除澀液。
3 過濾。

※製作內餡
1 在已凍結的青醬巴伐露斯上，放上約2茶匙份量的百香果蜜煮鳳梨（鳳梨切4半），攤開。
2 放入冷凍室中冷凍。
3 凝固後脫模，在巴伐露斯背面塗上青醬。

〈椰子慕斯〉（約25個份）
A｜椰子泥（SICOLY）※　685g
　｜水　68g
B｜白砂糖　103.5g
　｜果膠　1.4g
吉利丁片　16.5g
椰子鮮奶油　13g
C｜35%鮮奶油　342g
　｜47%鮮奶油　342g
※使用其他公司製的椰子泥時，請先試嚐味道以斟酌的白砂糖的份量。

1 將C攪打至七～八分發泡，倒入攪拌盆中，放入冷藏室備用。
2 在攪拌盆中放入A的2/3量椰子泥，剩餘的椰子泥和水，開火煮沸。
3 在已混合的B中，加入**2**已煮沸的椰子泥和水，充分混合後倒回鍋中，再煮沸。
4 在**3**中加入用冰水泡軟的吉利丁片，再加入在步驟**2**中剩餘的椰子泥裡混合，放涼。
5 涼至某程度後，加入椰子鮮奶油。
6 將**5**加入**1**中，混合。

〈組合和完成〉
噴槍用巧克力（白巧克力300g、葡萄籽油45g）、蘿勒淋面★、果凍膠

1 在已備妥的中空圈模中，倒入椰子慕斯至七～八分滿，百香果蜜煮鳳梨朝上放入內餡（勿過度下壓）。
2 放上少量慕斯刮平，放上椰子杏仁蛋糕體後冷凍。
3 拿掉中空圈模，噴上巧克力。
4 在擠花袋中裝入蘿勒淋面，在噴好的巧克力上滴成水滴狀。果凍膠也同樣的滴成水滴狀。

★蘿勒淋面
白巧克力淋面☆　40g
水飴　8g
青醬（請參照P83「青醬巴伐露斯」）　8g

1 白巧克力淋面隔水加熱至人體體溫的程度。
2 在**1**中加入水飴和青醬混合。

☆白巧克力淋面
A｜鮮奶　50g
　｜水飴　20g
吉利丁片　2g

B｜白巧克力　100g
　｜葡萄籽油　15g

1 煮沸A，加入用冰水泡軟的吉利丁片。
2 將**1**加入B中，從中心開始充分混合。

普羅旺斯之花　圖片→P8
※直徑7.5cm×高2.5cm的中空圈模約30個份

〈開心果杏仁蛋糕體〉
A｜蛋白　650g
　｜白砂糖　162g
B｜杏仁粉　585g
　｜糖粉　486g
開心果醬　65g
開心果（切碎）　32g

1 將A的材料攪打成蛋白霜。
2 將已混合過篩的B加入**1**中。
3 在開心果醬中加入**2**的一部分混合後，再倒回**2**中混合，也混入切碎的開心果。
4 將**3**裝入擠花袋中，用直徑8mm的擠花嘴，一面擠成直徑6.5cm的圓形，一面稍微壓扁。
5 放入上火190℃、下火190℃的烤箱中，約烤13～14分鐘。

〈檸檬鮮奶油〉
檸檬汁　200g
可爾必思奶油（切碎備用）　440g
A｜蛋黃　2個份
　｜全蛋　4個
白砂糖　240g

1 將檸檬汁倒入小鍋中，一部分倒入銅鍋中。
2 在銅鍋中加入A和白砂糖，充分混合。
3 將小鍋的檸檬汁煮沸，加入**2**的銅鍋中混合。
4 開火加熱，一面不停混合，一面煮沸直到變成泥狀。
5 在**4**中加入可爾必思奶油，再充分混合。
6 放入攪拌盆中冷藏一晚。裝入擠花袋中，用直徑8mm的擠花嘴，擠成直徑6.5cm、約厚2mm的大小，冷凍。

〈薰衣草巴伐露斯〉（約30片）
A｜鮮奶　262g
　｜薰衣草（乾）　7.5g
　｜蛋黃　6個份
　｜白砂糖　75g
吉利丁片　6.7g
B｜35%鮮奶油　53.5g
　｜47%鮮奶油　53.5g
茴香酒（pastis）　6.7g

1 將A的鮮奶煮沸，加入薰衣草，加蓋燜5分鐘。
2 將**1**過濾，鮮奶量再補足變回262g，加入蛋黃、白砂糖煮成英式蛋奶醬，加入用冰水泡軟的吉利丁片，過濾。用冰水冷卻。
3 加入冰涼的茴香酒和攪拌成六～七分發泡的B，再冰成好擠製的硬度。
4 將**3**裝入擠花袋中，用直徑8mm的擠花嘴，大約擠成直徑6.5cm、厚8mm的大小，冷凍。

※準備中空圈模
半乾杏桃　適量
半乾無花果　適量
半乾蜜棗（Prune）　適量
開心果　適量

1 將3種水果分別切成1cm的小丁。開心果縱切一半。
2 排好中空圈模，在其中散放入水果和開心果。充分冰涼備用。

〈蜂蜜牛軋糖〉
蛋白（剛打蛋取得的新鮮蛋白）　3個份
A｜白砂糖　136g
　｜蜂蜜　33.3g
　｜水　25g

B │ 35%鮮奶油　283g
　 │ 47%鮮奶油　283g
蘭姆酒醃漬水果乾　212g
果仁糖　151g
吉利丁片　8.6g

1　將蘭姆酒醃漬水果乾切碎，放入攪拌盆中備用，吉利丁片用冰水泡軟後，瀝除水分放入別的攪拌盆中。
2　將A開火加熱熬煮。
3　打發蛋白。
4　在3中慢慢加入2，用電動攪拌器攪打一下。
5　將4加入放有水果乾的1的攪拌盆中，一部分加入放有吉利丁的攪拌盆中，充分混合。
6　將5的2個攪拌盆的材料混合，再加入果仁糖。
7　將B攪打至六～七分發泡，將1/3量加入6中混勻後，加入所有剩餘的再混合。

〈組合和完成〉
淋面（果凍膠500g、水25g、檸檬汁25g）、覆盆子、開心果

1　在備妥的中空圈模中，擠入約1/3量的蜂蜜牛軋糖，壓入薰衣草巴伐露斯。用湯匙刮平，再壓入檸檬鮮奶油。一面補充蜂蜜牛軋糖，一面用湯匙刮平，放上開心果杏仁蛋糕體。
2　將1放入冷凍室冷凍凝固。
3　脫模後，在整體塗上淋面，再裝飾上覆盆子和開心果。

克麗奧佩德拉蛋糕　圖片→P9

※約30個份

〈蜜煮無花果〉
黑無花果　3.3kg
白砂糖　329g
生薑　86g
紅葡萄酒　929g
水　1859g
香草莢（馬達加斯加產）　1又1/2根

1　生薑以逆纖維切成8mm厚。香草莢剖開取出種子。
2　將所有的材料放入鍋中，開火加熱。
3　煮沸後轉小火，熬煮到水分幾乎收乾為止。
4　攤放在淺鋼盤中，放入150℃的烤箱中，烤成焦糖蘋果狀。

〈肉桂奶酥〉（成品中約取750g使用）
發酵奶油　225g
糖粉　225g
杏仁粉　225g
低筋麵粉　202.5g
可可粉　9g
肉桂粉　36g

1　除發酵奶油以外的材料篩入攪拌盆中，充分混合。
2　在1中加入切丁的發酵奶油。
3　用手將發酵奶油和粉類搓揉混拌，直到成為鬆散的顆粒狀。

〈巧克力淋醬〉
60%巧克力　200g
35%鮮奶油　180g
鮮奶　20g

1　將巧克力融化，鮮奶油和鮮奶煮沸。
2　巧克力中加入煮沸的鮮奶油和鮮奶混合，讓它充分乳化。
3　放在陰涼處靜置一晚備用。

〈杏仁鮮奶油〉（成品中約取300g使用）
發酵奶油　450g
白砂糖　450g
全蛋　8個
杏仁粉　450g

1　在攪拌成乳脂狀的發酵奶油中，分2～3次加入白砂糖混合。

2　蛋和杏仁粉輪流加入其中，混合，讓它充分乳化。

〈黑醋栗果醬〉
A │ 白砂糖　500g
　 │ 水　100g
　 │ 水飴　673.5g
黑醋栗泥　1kg
B │ 白砂糖　200g
　 │ 果膠　20g
白砂糖　200g
檸檬汁　50g

1　將A開火加熱，煮沸後火轉小熬煮。
2　在1中加入黑醋栗泥混合。
3　在2中慢慢加入B充分混合。
4　在3中慢慢加入白砂糖（200g）充分混合。
5　在4中加入檸檬汁。

〈組合和完成〉
開心果、糖粉、鹽（給宏德〔Guerande〕、杏仁片（烤過）

1　在烤盤上放上中空圈模，用手指壓入肉桂奶酥（15g），製作底座。
2　在1上放上杏仁鮮奶油（10g），上面再放上巧克力淋醬（10g）。
3　在2上放上1個蜜煮無花果，再放上巧克力淋醬（10g）。
4　在3上再放1個蜜煮無花果。
5　將肉桂奶酥散放在中空圈模側面空隙。
6　放入上火170℃、下火170℃的烤箱中，烘烤約40分鐘。
7　脫模後放涼，在蜜煮無花果上塗上黑醋栗果醬，散放上切碎的開心果、給宏德的鹽和杏仁片，最後撒上糖粉。

森 博司　パティスリー ルリジューズ

Religieuses　圖片→P12

※60個份

〈泡芙麵糊〉（直徑5cm和3cm的泡芙麵糊各60個份）
發酵奶油　400g
鮮奶　400g
水　1L
白砂糖　32g
鹽　32g
麵粉（法國產）　800g
全蛋　1336g

1 將奶油、鮮奶、水、白砂糖和鹽加熱至70℃。
2 將1加入篩過的麵粉中混合。這時，最佳溫度是65℃。
3 將2開火加熱，一面攪拌，一面讓麵糊混合。一面讓溫度保持在70℃以下，一面讓水分散發10％。
4 將麵糊倒入攪拌盆中，慢慢加入回到常溫已打散的全蛋蛋汁。製作重點是每次加入蛋汁都要充分混勻後，再加入下次的蛋汁。混合成糊狀後，蛋可以一次多加一點。混合到撈起麵糊，麵糊會大片滑落的濃稠度。
5 在厚烤盤上塗油（份量外），將4擠成直徑5cm和3cm的圓形，手指沾濕抹平表面。
6 以150℃的對流式烤箱，一面加入20％的蒸氣，一面烘烤10分鐘。麵糊膨脹後，打開風門以150℃約烤50分鐘。

〈卡士達醬〉（成品1.5kg）
香草莢（大溪地產）　1/2根
鮮奶　1L
蛋黃　10個份（約200g）
白砂糖　160g
卡士達醬粉（Moench「Crème pâtissière」）　80g
發酵奶油　80g

1 香草莢用刀縱向剖開，刮出種子，連豆莢一起放入鮮奶中煮沸。
2 在蛋黃中混入白砂糖和卡士達醬粉（「卡士達醬」），再一口氣加入1充分混合。
3 立刻倒入銅鍋中，一面混合，一面熬煮至85℃。若已嘖滋嘖滋冒出大泡泡時，熄火，加入奶油混拌變細滑。
4 用網篩過濾到淺鋼盤中，蓋上保鮮膜急速冷凍。

〈奶油起司卡士達醬〉（Religieuses1個份）
卡士達醬　40g
奶油起司　20g

1 將卡士達醬和奶油起司混合變成容易使用的細滑程度。

〈組合和完成〉
白巧克力　適量
藍莓　Religieuses 1個1顆
香堤鮮奶油（九分發泡）　適量

1 在泡芙底挖孔，大的擠入50g、小的擠入10g的奶油起司卡士達醬。
2 用40～45℃融化白巧克力，溫度降至25℃後，再升至31℃調溫。
3 在各泡芙表面塗上2，趁未乾時在大泡芙上疊上小泡芙，在小泡芙的頭上裝飾上藍莓。在小泡芙的周圍用星形擠花嘴擠上香堤鮮奶油。

塔（無花果）　圖片→P14

※直徑7cm的塔模型40個份

〈塔麵團〉（成品1kg份）
發酵奶油　250g
糖粉　150g
香草糖（自製）　4g
鹽　1g
麵粉（法國產）　430g
杏仁粉　60g
全蛋　100g

1 在乳脂狀的奶油中，加入糖粉、香草糖和鹽攪拌混合。
2 加入事先已過篩混合的麵粉和杏仁粉混合。
3 分2～3次加入打散的全蛋，麵團混合成團後放入冷藏室至少3小時以上醒麵（理想是半天至1天）。
4 用擀麵棍將3擀成厚約2～3mm的塔皮，緊密的鋪入塔模型中，滾動擀麵棍切掉多餘的塔皮，讓側面也能緊密貼合。放入冷藏室1小時以上讓它鬆弛。

〈杏仁鮮奶油〉
發酵奶油　250g
糖粉　200g
香草糖　8g
杏仁粉　300g
卡士達醬（請參照P86「Religieuses」）　125g
酸奶油　50g
全蛋　125g
蛋黃　38g

1 在攪拌盆中放入乳脂狀的奶油、糖粉和香草糖攪拌混合。
2 加入杏仁粉，用中速的攪拌器混合。
3 將卡士達醬和酸奶油混合變細滑，加入2中，用中速攪拌器混合。
4 混合打散回到常溫的全蛋和蛋黃，一面分2～3次加入3中，一面以中速攪拌器混合。每次加入蛋好好的混勻後，再加入下回的蛋，攪拌到變細滑的狀態。

〈組合和完成〉
無花果　1個塔約放1/2個
融化的發酵奶油、紅糖（細顆粒）　各適量

1 在備妥的塔麵團（密貼在模型中經冷藏已鬆弛）中，每1個塗上20g的杏仁鮮奶油。塗成正中央稍微凹陷，邊緣與塔模型等高的傾斜狀。
2 排放上連皮切圓片的無花果，在表面塗上融化奶油液，撒上大量的紅糖，用170℃的對流式烤箱烤30分鐘。

古典巧克力蛋糕 圖片→P15

※直徑18cm的圓形模型1個份

發酵奶油　80g
35%鮮奶油　70g
64%巧克力（法芙娜公司「孟加里巧克力（Manjari）」）　90g
蛋黃　96g
白砂糖　136g
蛋白　148g
A｜可可粉（法芙娜公司）　48g
　｜麵粉（日清製粉「Super violet（低筋麵粉）」）　42g
糖粉　適量

1　將奶油和鮮奶油加熱，在快煮沸前熄火，加入巧克力直接放置2～3分鐘
　　讓它融化。
2　在蛋黃中加入64g白砂糖混合，隔水加熱調整成人體體溫的程度，加入1
　　混拌變細滑。
3　在蛋白中加入72g白砂糖打發，製作六分發泡的蛋白霜。
4　將事先過篩混合的A和蛋白霜各加1/2量，一面輪流加入2中，一面混
　　合。
5　在模型中鋪入烤焙紙倒入4。將模型底部輕叩工作台以去除空氣，至少
　　要叩打50次以上。用150℃的對流式烤箱烘烤40分鐘。
6　烤好後，模型底部再輕叩工作台2～3次以去除空氣。稍微變涼後脫模，
　　在表面撒上糖粉。

布丁（伯爵紅茶）　圖片→P16

※1個100g　20個份

鮮奶　1L
紅茶茶葉（Mariage Frères公司「伯爵紅茶」）　10g
蛋黃　400g
白砂糖　100g
香草糖（自製）　50g
35%鮮奶油（冰涼）　625g
酸奶油（冰涼）　125g
果仁醬（法芙娜公司；praline）　適量

1　在鮮奶中加入茶葉加熱，快煮沸前熄火。加蓋燜2～3分鐘，以萃取紅茶
　　味與香味。
2　在蛋黃中加入白砂糖和香草糖攪拌混合。
3　在2中加入1混合（60℃），加入鮮奶油和攪打變細滑的酸奶油，用打
　　蛋器混合。為了讓紅茶風味釋出，一面擠壓茶葉，一面用網篩過濾。仔
　　細舀除表面的泡沫。
4　在烤盤上排放耐熱玻璃容器。在玻璃容器裡面倒入適量的果仁醬，1個再
　　倒入100g的3。放入100℃的對流式烤箱中，一面加入20%的蒸氣，一
　　面烘烤20分鐘。接著關掉蒸氣，以80℃再烘烤40分鐘。在常溫下放涼，
　　稍涼後冷藏。

法式烤布蕾　圖片→P17

※1個80g　20個份

香草莢（大溪地產）　1根
45%鮮奶油　1200g
白砂糖　120g
蛋黃　280g
紅糖（細顆粒）　適量

1　香草莢用刀縱向剖開，刮出種子連豆莢一起放入鮮奶油中。
2　在1中加入白砂糖煮沸。
3　將2倒入打散的蛋黃中充分混合，一面用網篩過濾，一面倒入容器中。
　　這時溫度約變成70℃，一面作業，要一面保持此溫度。
4　表面用瓦斯槍燒烤以去除氣泡，放入85℃的對流式烤箱中烘烤90分鐘。
5　在常溫下放涼，稍涼後冷藏，在上桌前，在表面撒上紅糖以噴槍燒烤使
　　其焦糖化。

村田 義武　パティスリー ルシェルシェ

普羅旺斯蛋糕　圖片→P20

※200個份

〈香料莎布蕾塔皮〉

（直徑、上部6.5cm底部5cm×高1.5cm的烤模〔manqué〕200個份）

無鹽奶油　900g
糖粉　540g
鹽　18g
香料
　　大茴香　10g
　　黑胡椒　6g
　　肉桂　8g
　　薑　3g
　　五香粉　3g
全蛋　6個
杏仁粉　420g
低筋麵粉　1140g

1　無鹽奶油攪拌變軟後，加入糖粉和鹽混合，加入香料充分攪拌均勻。
2　在1中慢慢加入打散的蛋汁混合。
3　杏仁粉、低筋麵粉分別過篩。在2中加入杏仁粉混合，再加低筋麵粉混合。

〈肉桂杏仁鮮奶油〉

無鹽奶油　1000g
糖粉　1000g
全蛋　1000g
杏仁粉　1000g
肉桂粉　適量（杏仁鮮奶油的1%量）

1　無鹽奶油攪拌變軟，加入糖粉混合。
2　全蛋打散，加入1中混合。
3　杏仁粉過篩，加入2中混合。
4　計量在3中完成的杏仁鮮奶油，以每100g對1g的比例加入肉桂粉，混合。

〈巧克力淋醬〉（15個份）

35%鮮奶油　250g
40%牛奶巧克力（法芙娜公司「Jivara Lactée」）　125g
吉利丁片　1g

1　鮮奶油煮沸，加入用水泡軟的吉利丁片煮融。
2　將1慢慢加入牛奶巧克力中，充分混合讓它乳化。
3　將2放入冷藏室一晚讓它融合。使用前用打蛋器混合調整硬度。

〈覆盆子果醬〉

覆盆子（切碎）　1000g
微粒白砂糖　600g

1　在鍋裡放入覆盆子和微粒白砂糖，熬煮到甜度達65%為止。

〈紅酒醃漬水果乾〉

水果乾　適量
　　蜜棗
　　杏桃
　　蔓越橘
　　葡萄乾（無籽）
　　無花果
紅葡萄酒　適量
蘭姆酒　適量

1　乾水果切成適當的大小。
2　在鍋裡倒入紅葡萄酒煮沸。
3　在2中放入1和蘭姆酒充分混合。約醃漬3週時間。

〈組合和完成〉

肉桂粉

1　將香料莎布蕾塔皮擀成2.5mm厚，用切模切得比模型還大一圈，鋪入在模型中。
2　擠入肉桂杏仁鮮奶油，放入180℃的烤箱中約烤30～40分鐘，塗上蘭姆酒。
3　在2的周圍，用12-8的擠花嘴擠上巧克力淋醬，在中心擠上覆盆子果醬，放上紅酒醃漬水果乾。撒上大量肉桂粉即完成。

法國黑巧克力蛋糕　圖片→P22

※直徑6cm×高4cm的中空圈模100個份

〈巧克力蛋糕體〉（60cm×40cm的烤盤1片份）

66%巧克力　333g
無鹽奶油　133g
蛋黃　200g
A｜蛋白　400g
　｜微粒白砂糖　200g
低筋麵粉　100g

1　將巧克力和無鹽奶油混合，煮至45℃讓材料煮融。
2　用A的材料製作蛋白霜，攪打到尖端能立起的程度。
3　在2中加入蛋黃，在完全混拌均勻前，加入1，最後加入篩過的低筋麵粉，大幅度的混合均勻。
4　放入180℃的烤箱中約烤20分鐘。

〈黑巧克力鮮奶油〉（48孔不沾模型（Flexipan）2片份）

鮮奶　470g
35%鮮奶油　470g
香草莢　1根
蛋黃　224g
白砂糖　92g
70%巧克力　320g

1　在鍋裡放入鮮奶和鮮奶油，再放入剖開、刮出的香草豆與莢一起煮沸。
2　在攪拌盆中放入蛋黃和砂糖攪拌混合，和1混合煮成英式蛋奶醬。
3　在巧克力中慢慢倒入2，混合讓它乳化，用手握式電動攪拌器混合。倒入模型中，冷凍。

〈巧克力慕斯〉

鮮奶　640g
35%鮮奶油　640g
香草莢　1/2根
零陵香豆（Tonka bean；Dipteryx odorata）　2個
蛋黃　280g
白砂糖　100g
巧克力（70%・委內瑞拉產、68%・迦納產、64%・多明尼加產的巧克力粉）　1800g
35%鮮奶油　2500g

1　在鍋裡放入鮮奶、鮮奶油（640g）、剖開的香草莢、磨碎的零陵香豆，煮沸。加蓋靜燜備用。
2　在攪拌盆中放入蛋黃和白砂糖攪拌混合，和1混合煮成英式蛋奶醬。
3　在巧克力中慢慢倒入2，混合讓它乳化，用手握式電動攪拌器混合變細滑。
4　待2的溫度降至38℃時，和攪打成七分發泡的鮮奶油（2500g）混合。

〈黑巧克力淋面〉

35%鮮奶油　1325g
水飴　163g
轉化糖（Trimoline）　200g
A｜微粒白砂糖　1800g
　｜水　450g

可可粉　500g
吉利丁粉（200凝膠強度〔Bloom strength〕）　70g
水　355g

1　在鍋裡放入鮮奶油、水飴和轉化糖，煮沸。
2　用A的材料製作糖漿，熬煮至120℃，和1混合。
3　在2中加入可可粉混合。
4　在3中加入已用水（355g）浸泡的吉利丁粉，過濾。

〈組合和完成〉
造型巧克力、可可果仁糖

1　用5號切模（Emporte-pièce）切取巧克力蛋糕體。
2　在中空圈模中倒入巧克力慕斯至2/3的高度，放入黑巧克力鮮奶油，蓋上1。
3　在2上蓋上OPP玻璃紙，用烤盤壓住，冷凍。
4　黑巧克力淋面加熱至35℃融化，淋在3上。裝飾上造型巧克力、果仁糖和可可即完成。

婆娑羅蛋糕　圖片→P23

※直徑6cm×高4cm的中空圈模96個份

〈咖啡巧克力蛋糕體〉（60cm×40cm的烤盤1片份）
蛋黃　73g
全蛋　173g
微粒白砂糖　139g
杏仁粉　139g
A｜蛋白　175g
　｜白砂糖　101g
　｜咖啡粉末（即溶咖啡）　3g
B｜低筋麵粉　61g
　｜可可粉　6g
　｜68%巧克力（法芙娜公司「格蘭庫瓦（Gran Couva）」）　40g

1　將微粒白砂糖、杏仁粉、蛋黃和全蛋混合，放入攪拌機中攪打發泡。
2　將A攪打成蛋白霜。
3　將B的低筋麵粉和可可粉混合過篩備用。將巧克力融化備用。
4　在1中放入一部分的2充分混合。
5　在4中依序放入B混合後，放入剩餘的蛋白霜混合。
6　倒入烤盤上抹平，放入180℃的烤箱中約烤12分鐘。

〈覆盆子果醬〉
覆盆子（切碎）　670g
檸檬汁　24g
果膠　12g
白砂糖　240g
香甜酒（覆盆子）　30g

1　將一部分白砂糖和果膠混合備用。
2　在鍋裡放入剩餘的白砂糖和覆盆子煮沸，放入果膠煮1～2分鐘，加入檸檬汁和香甜酒。

〈咖啡焦糖〉
咖啡豆（吉利馬札羅區）　80g
35%鮮奶油　750g
A｜微粒白砂糖　285g
　｜水　54g
　｜水飴　285g
無鹽奶油　225g
吉利丁粉　9g

1　咖啡豆用磨豆機磨碎，加入鮮奶油中煮沸，過濾。
2　用A的材料製作焦糖，煮成紅褐色後，慢慢倒入1混合。
3　將2倒回鍋中，熬煮至105℃為止。
4　加入無鹽奶油和用水泡軟的吉利丁粉，用手握式電動攪拌器混合變細滑為止。

※製作內餡
1　使用直徑4cm圓形48孔的不沾模型，在模型中倒入覆盆子果醬至1/3的高度，上面再倒入咖啡焦糖，冷凍。

〈咖啡巧克力慕斯〉
咖啡豆（多明尼加）　50g
35%鮮奶油　450g
鮮奶　450g
蛋黃　450g
白砂糖　450g
68%巧克力（法芙娜公司「格蘭庫瓦」）　1120g
35%鮮奶油　2200g

1　咖啡豆用磨豆機磨碎，倒入混勻的鮮奶油（450g）和鮮奶中煮沸。
2　在攪拌盆中放入蛋黃和白砂糖攪拌混合，和1混合煮成英式蛋奶醬，過濾。
3　將2慢慢放入巧克力中，混合讓它乳化。用手握式電動攪拌器混合變細滑。
4　待3的溫度降至30℃，和攪打成七分發泡的鮮奶油（2200g）混合。

〈組合和完成〉
噴槍用巧克力（巧克力和可可奶油以等比例融化混合）、食用色素粉（紅色）、造型巧克力

1　將內餡脫模。
2　咖啡巧克力蛋糕體用5號切模切取備用。
3　在中空圈模中倒入咖啡巧克力慕斯至2/3的高度，放入1，蓋上2。
4　在3上蓋上OPP玻璃紙，壓上烤盤，冷凍。
5　凝固後，用噴槍噴上巧克力，同樣的再噴上食用色素粉，裝飾上造型巧克力、已裝飾糖粉的覆盆子及覆盆子果醬。

聖托諾雷（Saint-honoré）泡芙塔

圖片→P24

※150個份

〈鹹塔皮（Pâte brisée）〉
無鹽奶油　700g
低筋麵粉　1000g
白砂糖　40g
鹽　20g
水　160g
蛋黃　4個份

1　無鹽奶油趁冰切成小丁。
2　低筋麵粉、白砂糖和鹽用電動攪拌器混合，加入1混拌成鬆散狀。
3　將水和蛋黃混合，慢慢加入2中揉成一團。放一晚醒麵。

〈泡芙麵糊〉
A｜水　1000g
　｜鮮奶　1000ml
　｜鹽　40g
　｜白砂糖　60g
　｜無鹽奶油　1000g
B｜低筋麵粉　600g
　｜高筋麵粉　600g
全蛋　1700g

1　將A放入鍋裡煮沸。
2　將B混合過篩，加入1中。
3　再開火加熱，一面迅速攪拌混合，一面讓多餘的水分蒸發。
4　放入攪拌機中，慢慢加入打散的蛋汁混合。

〈柳橙焦糖〉（100個份）
白砂糖　900g
紅糖　100g
40%鮮奶油　800g
柳橙　1個

1　柳橙表皮磨碎，加入鮮奶油中開火加熱，煮沸。加蓋約燜5分鐘。
2　製作焦糖。白砂糖開火加熱，煮沸後加入紅糖。
3　將2再煮沸，在泡沫下降的瞬間慢慢加入1混合，過濾。放置一晚讓它融合。

〈卡士達醬〉
鮮奶　1000ml
香草莢（大溪地產）　1根
蛋黃　10個份
白砂糖　200g
低筋麵粉　100g
無鹽奶油　50g

1　鮮奶和剖開的香草莢連莢一起放入銅鍋中，煮沸。
2　在攪拌盆中放入蛋黃和白砂糖攪拌混合，加入篩過的低筋麵粉混合。
3　將1和2混合熬煮，快煮好後加入無鹽奶油，讓它充分融合。
4　確實放涼。

〈組合和完成〉
香堤柳橙焦糖★

1　鹹塔皮擀成2mm厚，用切模切成6cm的圓形。
2　塗上蛋液（份量外），在周圍用9號圓形擠花嘴擠上泡芙麵糊。也擠製小泡芙麵糊。
3　放入180℃的烤箱中約烤50分鐘。
4　在小泡芙上塗上柳橙焦糖，裡面擠入卡士達醬。
5　在烤好的塔台中心擠上卡士達醬，放上3個4的小泡芙。
6　擠上香堤柳橙焦糖。

★香堤柳橙焦糖
40%鮮奶油　400g
柳橙焦糖　230g

1　將材料混合打發。

皮耶斯（Pièce）蛋糕　圖片→P25

〈鹹塔皮〉
請參照P89「聖托諾雷泡芙塔」（以聖托諾雷的份量，直徑‧上部7.5cm底部6cm×高2.5cm的烤模45個份）

〈卡士達醬〉
請參照P90「聖托諾雷泡芙塔」（以聖托諾雷的份量，皮耶斯蛋糕30個份）

〈義大利蛋白霜〉（20個份）
白砂糖　400g
水　80g
蛋白　200g

1　用白砂糖和水製作糖漿，熬煮至120℃為止。
2　將蛋白攪打發泡，慢慢倒入1打發。

〈組合和完成〉
覆盆子、香蕉（切片厚1cm）、糖粉、白砂糖

1　將鹹塔皮擀成2mm厚，鋪入模型中疊上鎮石，放入200℃的烤箱中乾烤20分鐘。
2　烤到上色後拿掉鎮石，撒上糖粉燒烤使其焦糖化。重複進行焦糖化作業3次。
3　在2中擠入卡士達醬，放上覆盆子和3片香蕉。
4　用抹刀塗上義大利蛋白霜。
5　先撒上糖粉，用烙鐵在側面和上面燒烤。上面再撒上白砂糖燒烙，重複相同的作業2次。

水野 直己　洋菓子 マウンテン

柳橙蛋糕　圖片→P28

※直徑7cm×高3.5cm的薩瓦蘭（Savarin）模型48個份

〈柳橙磅蛋糕體〉
無鹽奶油　400g
白砂糖　600g
全蛋　600g
A｜低筋麵粉　450g
　｜泡打粉　8.3g
沙巴東（Sabaton）柳橙片　1.7片
合成柳橙汁　40g
柑曼怡香橙干邑甜酒（Grand Marnier）　17g

1　在攪拌成乳脂狀的無鹽奶油中加入白砂糖，攪拌混合。
2　打散全蛋，一面慢慢加入1中，混勻成濃稠狀後，一面加入已過篩的A，一面混合到泛出光澤、無粉粒感為止。
3　在沙巴東柳橙片中，灑入合成柳橙汁和柑曼怡香橙干邑甜酒搗碎混合。
4　在2中混入3，倒入直徑6cm的塔模型中入，放入180的烤箱中約烤10分鐘。

〈占度亞巧克力慕斯〉
鮮奶　630g
A｜占度亞（Gianduja）榛果巧克力　405g
　｜39%牛奶巧克力　505g
吉利丁片　12g
38%鮮奶油　900g

1　鮮奶煮沸備用。
2　在攪拌盆中放入A的2種巧克力，倒入1使巧克力融化，與已泡水變軟的吉利丁片充分混合。攪拌盆底泡入冰水中冷卻至24℃。
3　在2中一次加入攪打至七分發泡的鮮奶油攪拌混合。

〈柳橙果醬〉
柳橙果肉　300g
白砂糖　300g
杏桃果醬　300g
柳橙皮（切片）　3個份

1　在鍋裡放入所有的材料煮沸。

〈柳橙布蕾糊〉
38%鮮奶油　675g
蛋黃　140g
白砂糖　135g
吉利丁片　8g
濃縮柳橙糊（冷凍濃縮柳橙糊）　15g

1　將蛋黃和白砂糖攪拌混合，加入濃縮柳橙糊混合。
2　將鮮奶油煮沸，倒入1中混合，再倒回鍋中炊煮。
3　離火，加入用水泡軟的吉利丁片融合，過濾，攪拌盆底泡入冰水中冷卻至30℃。

〈噴槍用巧克力〉
55%巧克力　適量
可可奶油　適量（巧克力的半量）
食用色素粉（黃色）　少量

1　將巧克力和可可奶油以2：1的比例混合，煮融。
2　在一部分的1中混入食用色素粉。

〈組合和完成〉
巧克力粉、巧克力粒

1　在柳橙磅蛋糕體上塗上柳橙果醬。
2　在薩瓦蘭模型中擠入占度亞巧克力慕斯至七分滿的高度，將1的果醬面朝下放入，冷凍。
3　將2脫模，在凹陷處倒入柳橙布蕾。

4　在3上用噴槍噴上巧克力，一部分噴上加入食用色素粉的巧克力。
5　最後裝飾巧克力片和巧克力粒。

黑醋栗蛋糕　圖片→P30

※8cm×長36cm的半月筒狀模型4條份

〈無粉巧克力蛋糕體（biscuit chocolat sans farine）〉
（60cm×40cm的烤盤1片份）
A｜白砂糖　240g
　｜洋菜粉（「伊那gel C-300」）　2.3g
B｜蛋白　233.3g
　｜水　6.7g
蛋黃　160g
58%巧克力　60g
無鹽奶油　38g
C｜低筋麵粉　30g
　｜可可粉　60g

1　在攪拌機中放入B，一面加入混合好的A，一面攪打成蛋白霜。
2　將蛋黃隔水加熱，加入以40℃融化的巧克力混合。
3　融化無鹽奶油，加入2中混合。
4　趁3尚熱，加入1的1/3量混合後，加入剩餘的再混合。
5　將C混合過篩，加入4中混合。
6　倒入烤盤中，放入180℃的烤箱中約烤8分鐘。

〈黑醋栗慕斯〉
黑醋栗泥　480g
吉利丁片　18g
A｜白砂糖　288g
　｜水　72g
蛋白　144g
38%鮮奶油　330g

1　黑醋栗泥加熱，加入用水泡軟的吉利丁片煮融。
2　用A製作121℃的糖漿，一面加入蛋白中，一面攪打發泡製成蛋白霜。
3　將鮮奶油打發成六～七分發泡。
4　在1中混入3，加入2後混合。

〈歐蕾巧克力慕斯〉
39%牛奶巧克力（阿魯巴〔Aruba〕產）　720g
鮮奶　440g
吉利丁片　16g
38%鮮奶油　640g

1　煮沸鮮奶，倒入牛奶巧克力中融合，加入用水泡軟的吉利丁片混合。攪拌盆底泡入冰水中冷卻至24℃。
2　鮮奶油攪打成七分發泡，和1混合。

〈巧克力淋面〉
38%鮮奶油　225g
吉利丁片　7g
39%牛奶巧克力　350g
果凍膠　150g

1　煮沸鮮奶油，加入用水泡軟的吉利丁片煮融。
2　在牛奶巧克力中加入1混合融解，加入果凍膠混合。

〈組合和完成〉
巧克力片、果凍膠

1　在5.5cm×長36cm的半月筒狀模型中，鋪入無粉巧克力蛋糕體，倒入黑醋栗慕斯，蓋上無粉巧克力蛋糕體。冷凍。
2　在8cm×長36cm的半月筒狀模型中，倒入歐蕾巧克力慕斯，放入冷凍好已脫模的1，冷凍。

3 將巧克力淋面加熱至35℃，用手握式電動攪拌器攪拌。
4 將 **2** 脫模，淋上已加熱的淋面。
5 切成3.2cm厚，裝飾上巧克力片和果凍膠。

巧克力栗子蛋糕　圖片→P31

※半橢圓模型35孔不沾模型1片份

〈巧克力蛋白霜〉（橢圓片狀模型72個份）
A｜蛋白　120g
　｜白砂糖　110g
　｜洋菜粉（「伊那gel C-300」）　12g
玉米粉　15g
白砂糖　130g
58%巧克力　30g

1 將A的白砂糖（110g）和洋菜粉混合，連同蛋白一起打發。
2 將玉米粉和白砂糖（130g）混合，慢慢加入 **1** 中混合。
3 擠入模型中，放入100℃的烤箱中烘烤120分鐘。
4 在冷了的 **3** 上，淋上已調溫的巧克力。

〈香草布蕾〉（橢圓片模型小72個份）
蛋黃　125g
白砂糖　90g
香草莢　1根
38%鮮奶油　450g
吉利丁片　8g

1 將蛋黃和白砂糖攪拌混合。
2 在鮮奶油中放入剖開的香草莢，連莢一起放入煮沸，倒入 **1** 中混合。
3 將 **2** 倒回鍋中，加入用水泡軟的吉利丁片煮融。
4 倒入模型中，冷凍。

〈巧克力栗子鮮奶油〉
栗子糊（法國產）　900g
55%巧克力（粉）　90g
白蘭地　70g
無鹽奶油　290g
Jupe栗子糊　15g

1 在栗子糊中混入白蘭地備用。
2 在攪拌機中放入無鹽奶油攪打變柔軟，讓它飽含空氣，分數次加入 **1** 充分混合。
3 一面用攪拌器攪打，一面加入巧克力粉，再加jupe栗子糊混合。

〈組合和完成〉
香堤鮮奶油、巧克力片、可可粉

1 將巧克力栗子鮮奶油裝入擠花袋中，用蒙布朗7齒擠花嘴擠在半橢圓模型中，在中心放入冷凍好的香草布蕾。
2 在巧克力蛋白霜上放上 **1**，擠上香堤鮮奶油，撒上可可粉，放上巧克力片。

奶油起司塔　圖片→P32

※直徑18cm的塔模型4個份

〈法式甜塔皮（Pte sucre）〉
無鹽奶油　180g
糖粉　112g
全蛋　60g
A｜杏仁粉　37g
　｜高筋麵粉　75g
　｜低筋麵粉　225g
　｜鹽　3g

1 將攪拌成乳脂狀的的無鹽奶油和糖粉攪拌混合。
2 慢慢加入打散的全蛋混合。
3 將A混合過篩，加入 **2** 中混合，揉成一團放入冷藏室中鬆弛一晚。

〈嫩起司蛋糕糊〉
奶油起司　900g
白砂糖　200g
全蛋　260g
低筋麵粉　50g

1 將已變軟的奶油起司和白砂糖攪拌混合。
2 慢慢加入打散的全蛋混合。
2 低筋麵粉過篩，加入 **2** 中混合。

〈起司慕斯〉（直徑12cm 5個份）
奶油起司　229g
鮮奶　114g
吉利丁片　7.5g
蛋黃　54g
A｜白砂糖　109g
　｜水　33g
38%鮮奶油　152g

1 在鮮奶中加入奶油起司加熱，煮融。融合後用手握式電動攪拌器攪拌變細滑，加入用水泡軟的吉利丁片煮融。
2 用A製作121℃的糖漿，慢慢加入已攪打發泡的蛋黃中，製成蛋黃霜。
3 將 **2** 加入 **1** 中混合，在快混勻前，混入攪拌至七分發泡約10℃的鮮奶油混合。
4 倒入直徑12cm的中空圈模中，冷凍。

〈組合和完成〉
香堤鮮奶油、開心果、果凍膠，糖粉

1 將法式甜塔皮擀成2.5mm厚，鋪入直徑18cm的塔模型中，倒入嫩起司蛋糕糊，放入180℃的烤箱中烤30分鐘。
2 待 **1** 變涼後，放上脫模的起司慕斯，表面用瓦斯槍燒烤，塗上果凍膠。
3 周圍的空間擠上香堤鮮奶油，裝飾上開心果和糖粉。

法式布蕾　圖片→P33

※16個份

〈布蕾液〉
38%鮮奶油　900g
香草莢　2根
白砂糖　90g
蜂蜜　90g
蛋黃　200g
洋菜粉（「Le Kanten Ultra」）　14g

1 在鮮奶油加入剖開的香草莢，豆與莢一起放入煮沸，加入洋菜粉。
2 將蛋黃、白砂糖和蜂蜜混合，加入 **1** 混合，倒回鍋中加熱至85℃（洋菜粉溶解的溫度）以上。
3 倒入容器中，放入冷藏室冷藏凝固。

〈焦糖酥片〉
白砂糖　200g
異麥芽酮糖（Palatinit）　200g
烤脆片（Feuillantine）　100g

1 白砂糖開火加熱製作焦糖，加入異麥芽酮糖溶解。倒入矽膠烤盤墊上，讓它冷卻凝固。
2 將烤脆片和 **1** 放入食物調理機中攪碎。
3 將 **2** 過篩，撒落在直徑7cm的圓形片狀模型中。
4 拿掉片狀模型，放入180℃的烤箱中烘烤4分鐘。

〈組合和完成〉
香堤鮮奶油、蜂蜜凍

1 在布蕾上擠上香堤鮮奶油，放上焦糖酥片，裝飾上蜂蜜凍。

宇治田 潤　パティスリー ジュン ウジタ

巧克力塔　圖片→P36

※約50個份

〈榛果巧克力鮮奶油〉

鮮奶　140g
35％鮮奶油　140g
蛋黃　56g
白砂糖　28g
40％牛奶巧克力　266g
55％巧克力　266g
自製榛果醬　126g
38％鮮奶油　518g

1　在鍋裡加熱鮮奶和35％鮮奶油直到快煮沸。
2　在打散的蛋黃中加入白砂糖，攪拌混合到稍微泛白為止。
3　在2中加入1混合，倒回鍋中一面轉小火，一面充分攪拌混合。加熱至82～85℃時，若已稍微變黏稠即離火。
4　在略微加熱已融化至一半程度的2種巧克力中，加入常溫的榛果醬。一面過濾3，一面加入其中混合，讓它充分乳化。
5　一口氣加入攪打至六分發泡的38％鮮奶油，用打蛋器迅速混合。因為巧克力會沉至攪拌盆底，所以最後一定要用木匙舀取混合，從表面密貼蓋上保鮮膜，放入冷藏室一晚讓它融合。

〈焦糖榛果〉

白砂糖　260g
榛果（烤過）　130g

1　將白砂糖煮焦成為苦味濃郁的焦糖，加入榛果混拌均勻。
2　立刻倒到矽膠烤盤墊上攤開，待凝固後切粗粒。

〈法式甜塔皮〉（易製作的份量）

無鹽奶油　300g
糖粉　180g
鹽　3g
全蛋　105g
香草糊　適量
杏仁粉　60g
低筋麵粉　500g

1　在乳脂狀的無鹽奶油中，加入糖粉和鹽混合。
2　全蛋打散，慢慢加入1中混合，再加入香草糊增加風味。
3　加入事先篩過的杏仁粉和低筋麵粉混合，整體混勻揉成一團。用保鮮膜包好壓平，放入冷藏室讓它鬆弛1～2小時。
4　用擀麵棍一面敲打3，一面調整成容易擀開的硬度，再擀成3mm厚。
5　麵團緊貼放入小舟形模型中，轉動擀麵棍切掉多餘的麵團，讓側面麵團也緊貼模型。上面截洞，放入冷藏室1小時以上讓它鬆弛。
6　放入160℃的對流式烤箱中烘烤約30分鐘。

〈巧克力淋醬〉

70％巧克力　250g
55％巧克力　320g
鮮奶　225g
35％鮮奶油　225g
蘭姆酒（貴婦人蘭姆酒〔Negrita〕）　30g

1　巧克力加熱讓它呈半融的狀態備用。
2　將鮮奶和奶油煮沸，加入1中以不攪打發泡的狀態混合，讓它充分乳化。
3　加入蘭姆酒混合，讓它確實乳化。

〈淋面〉

淋面用巧克力　300g
沙拉油　25g
榛果（烤過）　75g

1　將淋面用巧克力和沙拉油加熱融化，混入切粗粒的榛果。

〈組合和完成〉

肉桂粉

1　在法式甜塔皮中倒入巧克力淋醬至九分滿程度，在中央放入焦糖榛果。
2　放上榛果巧克力鮮奶油，用抹刀修整成山型。
3　在表面淋上淋漿，放入冷藏室冷藏凝結後，撒上肉桂粉。

聖托諾雷泡芙塔　圖片→P38

※約50個份

〈鹹塔皮〉

低筋麵粉　1100g
白砂糖　22g
鹽　22g
發酵奶油　650g
A（全部冰冷的狀態）
　打散的全蛋　65g
　米醋　11g
　水　220g

1　在事先篩過的低筋麵粉、白砂糖和鹽中，加入切成1cm小丁的冰奶油，用刮板混成紅豆大小的顆粒狀。用兩手大量撈取奶油和麵粉揉搓混合，將整體混拌成泛黃的細沙狀。
2　將1堆成圓錐狀，中間弄凹，加入A。從周圍開始往中間混合，不必太揉搓將麵團混成一團。整體混勻後，用保鮮膜緊密包裹，放入冷藏室讓它鬆弛一晚。
3　將麵團擀成2mm厚，上面截洞，用直徑6cm的圓形切模切取。放入冷藏室讓它鬆弛1小時。

〈泡芙麵糊〉

無鹽奶油　250g
水　250g
鮮奶　250g
白砂糖　10g
鹽　5g
低筋麵粉　300g
全蛋　575g
糖粉　適量

1　在鍋裡放入奶油、水、鮮奶、白砂糖和鹽，以中火加熱。
2　煮沸後熄火，加入篩過的低筋麵粉，用木匙混合。混勻後再加熱，用木匙翻炒。炒到鍋底形成一層白膜，麵糊混成一團後離火。
3　將2放入攪拌盆中，慢慢加入打散的蛋汁，每次加入都要充分混合。一面視狀況，一面以蛋汁份量調整麵糊的硬度，直到用刮刀舀起麵糊時，刮刀上殘留的麵糊會形成漂亮的倒三角狀態。若硬度要軟一點可加入蛋。
4　在烤盤上塗油（份量外），將3擠成直徑2.5cm製成小泡芙，在表面撒上糖粉，放入160℃的對流式烤箱中烘烤35分鐘。
5　作為底座的麵團，是在切成圓形的鹹塔皮上擠上小一圈的3，表面撒上糖粉，放入160℃的對流式烤箱中烘烤35～40分鐘，脫模後放涼。較有效率的作法是和小泡芙一起放入烤箱，約晚5分鐘出爐。

〈卡士達醬〉

鮮奶　1L
香草莢（大溪地產）　1根
白砂糖　240g
蛋黃　240g
低筋麵粉　45g
玉米粉　45g
無鹽奶油　80g

1　在鮮奶中一起放入從香草莢中刮出的香草豆與莢，加熱約至80℃。加入1/2量的白砂糖煮融。
2　在蛋黃中加入剩餘的1/2量的白砂糖，攪拌混合至泛白的乳脂狀。

3 在2中加入已事先過篩混合的低筋麵粉和玉米粉再加以混合。

4 在3中加入1混合，倒入銅鍋中。再開火加熱，用打蛋器一面攪拌混合，一面加熱。混拌到稍微變濃稠，加入無鹽奶油繼續混合。若黏稠的鮮奶油混拌到柔軟的表面泛出光澤後即離火。

5 一面過濾，一面倒入淺鋼盤中，緊密蓋上保鮮膜急速冷凍。

〈焦糖香堤鮮奶油〉
白砂糖　112.5g
35%鮮奶油　150g
發酵奶油　30g
香草莢（大溪地產）　1/2根
蘭姆酒（貴婦人蘭姆酒）　52.5g

1 將白砂糖煮焦一點，變成較深的褐色後，熄火，利用餘溫繼續加熱。

2 在鮮奶油和發酵奶油中，加入刮出的香草豆和莢一起加熱，這項作業和1同時進行。再加入1中混合，過濾。

3 稍涼後加入蘭姆酒，表面緊密貼覆保鮮膜放入冷藏室一晚讓它融合。

〈組合和完成〉
白砂糖

1 白砂糖稍微煮焦製成焦糖，少量塗在小泡芙的表面，待乾後再塗少量，放乾。

2 在1的底部打孔，擠進已溢出份量的卡士達醬。在底座麵團邊緣3個地方黏貼3個小泡芙。（利用溢出的卡士達醬來黏貼。）

3 在3個泡芙的正中央擠入卡士達醬。在泡芙之間和最上面擠上焦糖香堤鮮奶油。

千層派　圖片→P39

※50個份

〈起酥麵團〉
低筋麵粉　560g
高筋麵粉　560g
鹽　11g
A（全部冰冷備用）
　全蛋　2個
　米醋　37g
　水　全蛋和米醋混合，整體調整成562g
煮焦奶油液　110g
發酵奶油（摺入用）　600g
糖粉　適量

1 攪拌盆中放入事先過篩混合的低筋麵粉、高筋麵粉和鹽，加入已混入煮焦奶油液的A，混合但別揉搓。

2 麵團混成無粉末顆粒感後放到工作台上，輕輕揉搓。擀平後用保鮮膜緊密包好，放入冷藏室3小時讓它融合。

3 用擀麵棍將2擀成橫向較長的長方形。用擀麵棍敲打剛從冷藏室取出的摺入用奶油，打扁成縱向比麵團稍短，橫向只有麵團1/3長度的縱向較長的長方形。

4 在麵團中心放上奶油。左側保留1/3的空間，用手指往右將奶油推開，讓它均勻的分布。讓麵團上1/3沒有奶油，2/3有奶油。

5 將沒有奶油的部分翻摺，疊在有奶油的部分，再將剩餘有奶油的部分翻摺重疊上去，共摺三摺，第一次作業結束。

6 將麵團旋轉90度，用壓派皮機壓平，摺三摺後放入冷藏室鬆弛1～2小時。麵團再旋轉90度用壓派皮機壓平，再摺三摺後放入冷藏室鬆弛1～2小時。

7 麵團再旋轉90度，擀成2mm厚，用滾輪截刀戳洞。切成60cm×40cm的大小，放在烤盤上送入冷凍。

8 麵團凝固後，上面放上鐵板，放入180℃的業務用烤箱中烘烤40分鐘。拿掉鐵板，在表面均勻的撒上糖粉。一面讓烤箱的溫度升至250℃，一面烘烤約5分鐘讓它焦糖化。

9 待麵皮完全變涼後，切掉邊緣，再切成9cm×30cm的大小。

〈奶油醬〉（1次容易製作的份量）
鮮奶　250g
香草莢（大溪地產）　1根
蛋黃　125g
白砂糖　150g

無鹽奶油　825g
義大利蛋白霜
　白砂糖　250g
　水　83g
　蛋白　125g

1 在鍋裡放入鮮奶，加入從香草莢中刮出的香草豆和莢一起放入煮沸。

2 在打散的蛋黃中加入白砂糖，混合至稍微泛白為止。

3 在2中加入1混合，倒回鍋中一面充分攪拌混合，一面轉小火加熱。煮至82～85℃產生黏性後離火，過濾，放涼至30℃以下。

4 在攪拌盆中放入乳脂狀的奶油，一面分2次加入3，一面用攪拌器以中速攪拌讓它乳化。

5 製作義大利蛋白霜。混合白砂糖和水熬煮至117℃製成糖漿。在攪打發泡的蛋白中倒入糖漿，再充分攪打發泡。溫度最好降至22℃。

6 在4中加入5，用木匙混拌變細滑。

〈慕斯鮮奶油〉
卡士達醬（請參照P93「聖托諾雷泡芙塔」）　1.5kg
奶油醬　500g

1 將卡士達醬加熱至23～25℃攪散，加入奶油醬混合變細滑。

〈組合和完成〉
醋栗果醬、翻糖（Fondant）

1 在最上面的起酥片（1片）的表面，塗上熬煮過的醋栗果醬，乾了之後塗上翻糖。將30cm的邊每間隔3cm切開，共切出10片9cm×3cm的大小。

2 將1和其他3大片未切的起酥片放在工作台上，用單側鋸齒擠花嘴擠上慕斯鮮奶油。先重疊3大片，再並排放上最上面已分切10片的1，成為4層起酥片、3層鮮奶油重疊的狀態，放入冷藏。

3 待鮮奶油凝固，成為好分切的狀態後，沿著1的大小再分切成10等份。

反烤蘋果塔　圖片→P40

※直徑21cm×高4cm的塔模型1個份

焦糖用白砂糖　150g
蘋果（紅玉）　1.5kg
白砂糖　300g
鹹塔皮（請參照P93「聖托諾雷泡芙塔」·直徑21cm×厚4mm）　1片
35%鮮奶油　高脂鮮奶油（Crème épaisse）的2倍量
高脂鮮奶油　鮮奶油的1/2量

1 將白砂糖（150g）煮得焦一點，製成焦糖，立刻倒入塔模型中約3～4mm的高度。

2 隨即緊密的排入已去皮、去核，切成1/4片的蘋果，撒上白砂糖。上面再緊密的排上第2層蘋果，撒上白砂糖。中央再放上蘋果堆高，再撒上白砂糖。

3 放入180℃的業務用烤箱中，至少烘烤3小時。稍微放涼後放入冷藏室一晚讓味道融合。

4 鹹塔皮擀成4mm厚，戳洞後，用直徑21cm的圓形切模切取，放入冷藏室中鬆弛1小時。連模型一起放入170℃的對流式烤箱中烘烤40分鐘，脫模，放涼。

5 在味道已融合的蘋果表面蓋上4，上下翻轉，脫模，分切成10等份。

6 將鮮奶油和高脂鮮奶油混合，攪打成七～八分發泡，擠在5的上面。

普洛特蛋糕 圖片→P41

※直徑5.5cm×高5cm　50個份

〈拇指蛋糕體〉（60cm×40cm的烤盤2片份）
蛋白　320g
白砂糖　250g
蛋黃　200g
低筋麵粉　250g
開心果（生）　適量
糖粉　適量

1 在攪拌盆中放入蛋白和1/3量的白砂糖，用攪拌器以高速攪打發泡。體積稍微膨脹後，加入1/3量的白砂糖再攪打發泡，攪打至七～八分發泡後，加入剩餘的白砂糖，再攪打到尖端能立起的發泡程度。
2 將蛋黃攪打至泛白，加入 **1** 中輕輕混合。
3 在 **2** 中一面慢慢撒入篩過的低筋麵粉，一面如切割般大幅度的混拌。最好混合到略有光澤沒有粉粒的狀態。
4 在法式烤盤上鋪上烤焙紙，用6號擠花嘴擠上麵糊。重點是從擠出到結束的粗細均保持一致。
5 在表面均勻的撒上切碎的開心果，上面再均勻的撒上糖粉。待第1次的糖粉融化後，再均勻的撒一次糖粉。放入250℃的對流式烤箱中烘烤10分鐘。
6 蛋糕體稍涼後，用直徑3cm的圓形切模切取，以及切成16cm×3.5cm的長方形大小。各準備50個。

〈開心果巴伐露斯〉
鮮奶　900g
蛋黃　200g
白砂糖　200g
吉利丁片　35g
開心果糊　200g
38%鮮奶油　1kg

1 在鍋裡加熱鮮奶至快沸騰前。
2 在打散的蛋黃中加入白砂糖攪拌混合。
3 在 **2** 中加入 **1** 混合，倒回鍋中。以中火加熱，從鍋底一面持續攪拌混合，一面加熱至82℃為止。
4 煮到變濃稠後離火，加入用水泡軟的吉利丁讓它融化。加入開心果糊混合，過濾。容器放入冰水中冷卻。
5 將一部份八分發泡的鮮奶油加入 **4** 中，混勻後倒回鮮奶油中，混拌變得細滑。

〈組合和完成〉
開心果片（1個分成2片）、透明果凍膠（Nappage neutre）、白葡萄酒（透明果凍膠的25%量）

1 在烤盤上排上直徑5.5cm×高5cm的中空圈模。在內側的側面貼上切成長方形的拇指蛋糕體，在底部填入切成圓形的拇指蛋糕體。
2 在模型中倒滿開心果巴伐露斯，放入冷藏室冷藏凝結。
3 脫模，在表面裝飾上開心果片，再塗上加入白葡萄酒增加風味的透明果凍膠。

武藤 康生　パーラー ローレル

里昂蛋糕 圖片→P44

※直徑6cm×高2.7cm的半圓模型18個份

〈香草鮮奶油〉

35%鮮奶油　212g
香草莢（大溪地產）　0.4根
蛋黃　32g
白砂糖　21g
吉利丁粉　2.6g
水　13g

1 在鮮奶油中放入香草莢剖開刮出的種子和豆莢，靜置一晚。
2 將蛋黃和白砂糖攪拌混合，分數次加入煮沸的 1，連莢一起加入混合。
3 將 2 開火加熱，煮至85℃製成英式蛋奶醬。
4 將用水泡軟的吉利丁隔水加熱煮融，加入 3 中混合，過濾後用冰水冷卻。
5 倒入直徑3.5cm的不沾模型中至1.4cm的高度，放入冷凍室2小時以上冷凍凝固。

〈可可脆片〉（6取烤盤1片份）

（譯註：6取烤盤一般大小為53×38cm、高3或4cm）
鮮奶　41g
水飴　16g
白砂糖　72g
果膠NH　1.1g
發酵奶油　37g
粗粒可可豆（Gruet de cacao）　75g

1 在單柄鍋中倒入鮮奶和水飴，用小火加熱，加入混合好的白砂糖和果膠混勻。
2 在 1 中慢慢加入已融化的發酵奶油混合。
3 煮沸後離火，加入粗粒可可豆混合。
4 將 3 倒到烤焙墊上，蓋上烤焙墊，趁熱壓成3mm的厚度。
5 待 4 變涼後，放入160℃的烤箱中約烤15～16分鐘。

〈捲心蛋糕體〉（6取烤盤1片份）

蛋黃　9個份
上白糖　37g
蛋白霜
｜蛋白　162g
｜上白糖　75g
低筋麵粉　48g
無鹽奶油　37g

1 將蛋黃和上白糖混合，稍微加熱，用攪拌器攪打發泡。
2 將蛋白和上白糖攪打至八分發泡製成蛋白霜。
3 在 1 中一面慢慢加入篩過的低筋麵粉，一面混合，再一面加入融化奶油液，一面混合。
4 最後一面加入 2，一面混合，倒到烤盤後，放入200℃的烤箱中約烤7～8分鐘。
5 蛋糕從烤盤中取出，放涼備用。

〈巧克力海綿蛋糕體〉（15cm×20cm×高5.5cm的模型2個份）

蛋黃　137g
全蛋　97g
白砂糖　81g
轉化糖　33g
低筋麵粉　63g
可可粉　32g
無鹽奶油　39g
可可塊（Cacaomas）　47g
蛋白霜
｜蛋白　180g
｜白砂糖　81g

1 在蛋黃和全蛋中加入白砂糖和轉化糖，用攪拌器攪打發泡至泛白為止。
2 將低筋麵粉和可可粉混合過篩，一面慢慢加入 1 中，一面混合。
3 將無鹽奶油和可可塊融化，一面加入 2 中，一面混合。
4 將蛋白和白砂糖攪打至七分發泡，製成蛋白霜，一面加入 3 中，一面混合。
5 在模型中倒入 4，放入160℃的烤箱中約烤50～55分鐘。

〈歐蕾巧克力慕斯〉

35%鮮奶油A　124g
蛋黃　32g
吉利丁粉　1.6g
水　8g
38%牛奶巧克力（貝可拉〔Belcolade〕公司）　167g
35%鮮奶油B　241g

1 將煮沸的鮮奶油A加入打散的蛋黃中混合，倒入單柄鍋中煮成英式蛋奶醬。
2 隔水加熱煮融用水泡軟的吉利丁，加入 1 中混合。
3 在隔水加熱煮融的牛奶巧克力中，加入 2 混合，過濾。
4 在 3 中加入攪打至八分發泡的鮮奶油B混合。

〈橙色果凍〉

A｜水　360g
｜白砂糖　76g
吉利丁粉　7.2g
水　36g
水性食用色素（黃色）　適量
水性食用色素（紅色）　適量

1 將A放入單柄鍋裡煮沸。
2 將用水泡軟的吉利丁隔水加熱煮融，加入 1 中。
3 加入2種色素，一面混合，一面調成橙色，過濾。

〈組合和完成〉

巧克力、金箔、新鮮百里香

1 捲心蛋糕體切成5mm厚，用4號圓形切模切取，放入半圓模型的底部。
2 在捲心蛋糕體上放上香草鮮奶油，倒入歐蕾巧克力慕斯至2cm的高度。
3 放上用5號圓形切模切取的可可脆片，倒入剩餘的歐蕾巧克力慕斯至2.7cm的高度，刮平。
4 放上切成1cm厚，用直徑6cm的圓形切模切取的巧克力海綿蛋糕體，放入冷凍室冷凍一晚。
5 將橙色果凍暫時先融化，再泡入冰水中冷卻至10℃。
6 將 4 脫模，用 5 淋覆2～3次，放入冷藏室凝結。最後裝飾上高音譜記號外型的巧克力、金箔和新鮮百里香。

西西里蛋糕　圖片→P46

※特製弦月形模型（長9.5cm×高4.5cm）25個份

〈歐蕾巧克力慕斯〉

38%牛奶巧克力（貝可拉公司）　178g
35%鮮奶油A　130g
吉利丁粉　2.4g
水　12g
35%鮮奶油B　210g

1 將牛奶巧克力隔水加熱稍微煮融，少量加入煮沸的鮮奶油A混合，產生分離現象時，一面慢慢補充鮮奶油，一面讓它乳化。
2 將用水泡軟的吉利丁隔水加熱煮融，加入1中混合。
3 將2過濾，一面分2次加入攪打至八分發泡的鮮奶油B，一面混合。

〈巧克力海綿蛋糕體〉（15cm×20cm×高5.5cm的模型2個份）

蛋黃　137g
全蛋　97g
白砂糖　81g
轉化糖　33g
低筋麵粉　63g
可可粉　32g
無鹽奶油　39g
可可塊　47g
蛋白霜
　│蛋白　180g
　│白砂糖　81g

1 在蛋黃和全蛋中加入白砂糖和轉化糖，用攪拌器攪打發泡至泛白為止。
2 將低筋麵粉和可可粉混合過篩，一面慢慢加入1中，一面混合。
3 將無鹽奶油和可可塊隔水加熱融化，一面加入2中，一面混合。
4 將蛋白和白砂糖攪打至七分發泡，製成蛋白霜，一面加入3中，一面混合。
5 在模型中倒入4，放入160℃的烤箱中約烤50～55分鐘。

〈覆盆子鮮奶油〉

冷凍覆盆子泥　240g
冷凍整顆覆盆子　210g
白砂糖　62g
果膠NH　2g
水飴　35g
轉化糖　48g

1 在銅鍋中放入冷凍覆盆子泥和整顆覆盆子開火加熱，約煮至35℃，一面加入混合好的白砂糖和果膠，一面混合。
2 將水飴和轉化糖混好備用，在1煮沸時加入其中混合，煮至102℃。
3 將2離火，放入冷藏室冷卻。

〈開心果慕斯〉

蛋黃　4個份
白砂糖　113g
鮮奶　207g
吉利丁粉　8.1g
水　40.5g
開心果泥　71g
35%鮮奶油　246g

1 將蛋黃和白砂糖攪拌混合，加入少量煮沸的鮮奶混合，再倒回剩餘的鮮奶中煮成英式蛋奶醬。
2 用水泡軟的吉利丁隔水加熱煮融，加入1中混合。
3 在開心果泥中加入少量的2，一面混合，一面將開心果泥調稀。混勻後一面慢慢加入剩餘的2，一面混合過濾，盆底放入冰水中冷卻。
4 在3中加入攪打至八分發泡的鮮奶油混合。

〈噴槍用黃綠色奶油〉

可可奶油　100g
油性食用色素粉（黃色）　適量
油性食用色素粉（青色）　適量

1 可可奶油一面加熱煮融，一面加入色素混合。

〈組合和完成〉

覆盆子、覆盆子果醬、綠色開心果、糖漬橙皮乾、巧克力

1 將巧克力海綿蛋糕體切成1cm厚，鋪在弦月模型的底部。
2 倒入歐蕾巧克力慕斯至2cm的高度。
3 將切成1cm厚的巧克力海綿蛋糕體用比模型小一圈的弦月切型切取，放入模型中，放入冷凍室約冷凍20分鐘。
4 倒入開心果慕斯至3.5cm的高度，用抹刀往邊緣抹平，在擠花袋中裝入覆盆子鮮奶油，擠入模型中心約7mm厚。
5 剩餘的開心果慕斯倒滿弦月模型，放入冷凍室3小時以上冷凍。
6 將蛋糕脫模，用噴槍噴上黃綠色奶油，放上裝飾果醬的覆盆子、綠色開心果、橙皮乾，用星形切模切取的巧克力等做裝飾。

河流蛋糕　圖片→P47

※特製波浪形模型（3.5cm×7.5cm×高4cm）20個份

〈葡萄果凍〉

葡萄汁（果汁100%）　194g
白砂糖　49g
伊那gel*　18g
水　107g

*日本伊那食品工業衍伸寒天之優點所研發的一種膠化劑。製作時可用寒天取代。

1 葡萄汁隔水加熱。
2 同時，在單柄鍋中加水開火加熱，慢慢加入混合好的白砂糖和伊那gel，一面混合，一面煮沸。
3 將2倒入1中，在隔水加熱的狀態下混合，再直接用火加熱，一面用打蛋器攪拌，一面再煮沸。
4 將3離火，倒入5.8cm×41cm的模型中至1.4cm的高度，放入冷藏室1小時以上讓它冷卻凝固。

〈巧克力海綿蛋糕體〉（15cm×20cm×高5.5cm的模型2個份）

蛋黃　137g
全蛋　97g
白砂糖　81g
轉化糖　33g
低筋麵粉　63g
可可粉　32g
無鹽奶油　39g
可可塊　47g
蛋白霜
　│蛋白　180g
　│白砂糖　81g

1 在蛋黃和全蛋中加入白砂糖和轉化糖，用攪拌器攪打發泡至泛白為止。
2 將低筋麵粉和可可粉混合過篩，一面慢慢加入1中，一面混合。
3 將無鹽奶油和可可塊隔水加熱融化，一面加入2中，一面混合。
4 將蛋白和白砂糖攪打至七分發泡，製成蛋白霜，一面加入3中，一面混合。
5 在模型中倒入4，放入160℃的烤箱中約烤50～55分鐘。

〈巧克力淋醬〉

A│65.5%巧克力（貝可拉公司）　135g
　│33.9%焦糖巧克力（貝可拉公司）　31g
轉化糖　12g
35%鮮奶油　198g

1 在A中加入轉化糖，隔水加熱稍微煮融。
2 將鮮奶油煮沸，加入1中，用手握式電動攪拌器混合讓它乳化，過濾。

〈歐蕾巧克力慕斯〉

38%牛奶巧克力（貝可拉公司）　120g
35%鮮奶油A　71g
蛋黃　2個份
白砂糖　14g
鮮奶　71g
吉利丁粉　4.1g

水　20.5g

35%鮮奶油B　336g

1　牛奶巧克力隔水加熱稍微煮融，一面加入煮沸的鮮奶油A中，一面用手握式電動攪拌器混合讓它乳化，製成巧克力淋醬。

2　將蛋黃和白砂糖攪拌混合，倒入煮沸的鮮奶，放入單柄鍋中煮成英式蛋奶醬。

3　將用水泡軟的吉利丁隔水加熱煮融，加入2中混合。

4　將3倒入1中，一面盆底放冰水冷卻，一面混合，過濾。

5　將攪打至八分發泡的鮮奶油B加入4中混合。

〈噴槍用紅色奶油〉

可可奶油　100g

油性食用色素粉（紅色）　適量

1　可可奶油一面加熱，一面煮融，加入色素混合。

〈組合和完成〉

果凍膠、巧克力

1　巧克力海綿蛋糕體切成7mm厚，用波浪形切模切取，鋪在模型的底部。

2　巧克力淋醬倒入至5mm的高度，放入冷凍室冷凍20分鐘讓它凝固。

3　再倒入歐蕾巧克力慕斯至2cm的高度，鋪上切成5.8cm×2cm寬的葡萄果凍，再放上切成5.8cm×2cm的長方形的巧克力海綿蛋糕體。

4　倒入剩餘的歐蕾巧克力慕斯至4cm的模型高度，放入冷凍室2小時以上冷凍凝固。

5　脫模後噴上紅色奶油，上面裝飾上擠成水滴形果凍膠，以及用心形切模切取並刷上金粉的巧克力。

安菇玫瑰蛋糕（Rose d'Anjou）　圖片→P48

※特製梯形模型（7cm×3.5cm×高6.3cm）20個份

〈荔枝、覆盆子、玫瑰風味慕斯〉

荔枝、覆盆子、玫瑰風味果泥　462g

白砂糖　76g

42%鮮奶油　402g

吉利丁粉　9.6g

水　48g

1　在荔枝、覆盆子、玫瑰風味果泥中，加入白砂糖，隔水加熱直到白砂糖融解。

2　將用水泡軟的吉利丁隔水加熱融解，加入少量的1混合，融合後倒回1的攪拌盆中，盆底一面放冰水冷卻，一面混合。

3　將鮮奶油攪打至六分發泡的程度。

4　在2中加入3的1/3量混合，混勻後加入剩餘的混合。

〈荔枝，覆盆子，玫瑰風味的巧克力淋醬〉

白巧克力　157g

轉化糖　20g

35%鮮奶油　198g

荔枝、覆盆子、玫瑰風味果泥　60g

吉利丁粉　2.8g

水　14g

1　鮮奶油煮沸。

2　在隔水加熱融化的白巧克力中加入轉化糖融解，慢慢倒入1混合。

3　在2中加入已隔水加熱的荔枝、覆盆子、玫瑰風味果泥，用手握式電動攪拌器攪打，讓它確實乳化。

4　在用水泡軟的吉利丁中，加入少量3混合，再全部倒回剩餘的3中，盆底放冰水一面冷卻，一面混合，過濾。

〈捲心蛋糕體〉（6取烤盤1片份）

蛋黃　9個份

上白糖　37g

蛋白霜

　蛋白　162g

　上白糖　75g

低筋麵粉　48g

無鹽奶油　37g

1　蛋黃和上白糖混合稍微加熱，用攪拌器攪打發泡。

2　將蛋白和上白糖攪打至八分發泡，製成蛋白霜。

3　在1中慢慢加入篩過的低筋麵粉，一面加入融化奶油，一面混合。

4　最後一面加入2，一面混合，倒入烤盤中，放入200℃的烤箱中烘烤7～8分鐘。

5　從烤盤取出後，放涼備用。

〈達克瓦茲蛋糕體〉（14cm×24cm的烤焙墊2片份）

蛋白霜

　蛋白　245g

　白砂糖　55g

杏仁粉　142g

糖粉　107g

低筋麵粉　24g

1　在蛋白中加入白砂糖，攪打至八分發泡，製成蛋白霜。

2　一面在1中加入篩過的杏仁粉、糖粉和低筋麵粉，一面混合。

3　將麵糊抹成14cm×24cm、厚1cm的片狀共2片，放入160℃的烤箱中烘烤27～28分鐘。

〈粉紅色噴槍用巧克力〉

白巧克力　50g

可可奶油　50g

油性食用色素粉（紅色）　少量

1　將白巧克力和可可奶油一面加熱，一面融化，加入色素混合。

〈組合和完成〉

白巧克力片、粉紅胡椒

1　在裝了圓形擠花嘴的擠花袋中，裝入荔枝、覆盆子、玫瑰風味慕斯，以梯形模型短邊為底，擠入3cm高的慕斯。

2　捲心蛋糕體切成2.5cm×5.5cm、厚7mm，以豎立的狀態放入1的中央。

3　擠入剩餘的慕斯至4cm的模型高度，放入冷凍室冷凍凝固。

4　倒入荔枝、覆盆子、玫瑰風味的巧克力淋醬至5cm的模型高度，淋醬上放上切成2.5cm×5.5cm、厚1cm的達克瓦茲蛋糕體，再壓入中央，放入冷凍室冷凍凝固。

5　脫模後，以蛋糕體那面作為底。表面用噴槍噴上巧克力，裝飾上2種白巧克力片和粉紅胡椒。

栗子塔 圖片→P49

※直徑6cm×高1.6cm的中空圈模13個份

〈法式甜塔皮〉

發酵奶油　298g

糖粉　162g

全蛋　107g

杏仁粉　50g

中筋麵粉　398g

鹽　0.9g

1　將發酵奶油攪拌成柔軟的乳脂狀，加入糖粉攪拌混合。
2　在**1**中慢慢加入全蛋混合，加入篩過的杏仁粉、中筋麵粉和鹽，混合但不可過度。
3　將**2**揉成一團放入冷藏室最少冷藏6小時，擀成厚1.75mm。
4　將**3**用直徑8cm的中空圈模切取，鋪在直徑6cm×高1.6cm的中空圈模中。裡面放入鎮石，放入160℃的烤箱中烘烤約20分鐘。

〈巧克力海綿蛋糕體〉（15×20×5.5cm的模型2個份）

蛋黃　137g

全蛋　97g

白砂糖　81g

轉化糖　33g

低筋麵粉　63g

可可粉　32g

無鹽奶油　39g

可可塊　47g

蛋白霜

　│　蛋白　180g

　│　白砂糖　81g

1　在蛋黃和全蛋中加入白砂糖和轉化糖，用攪拌器攪打發泡至泛白為止。
2　將低筋麵粉和可可粉混合過篩，一面慢慢加入**1**中，一面混合。
3　將無鹽奶油和可可塊隔水加熱融化，一面加入**2**中，一面混合。
4　將蛋白和白砂糖攪打至七分發泡，製成蛋白霜，一面加入**3**中，一面混合。
5　在模型中倒入**4**，放入160℃的烤箱中約烤50～55分鐘。

〈零陵香豆風味的巧克力淋醬〉

35%鮮奶油　160g

零陵香豆（烤過）　1粒

70%巧克力（巧克維克〔Chocovic〕公司）　131g

33.9%焦糖巧克力（貝可拉公司）　63g

轉化糖　14g

1　在鮮奶油中加入碾碎的零陵香豆，靜置一晚。
2　將放入零陵香豆的**1**直接煮沸，過濾。
3　在70%巧克力和焦糖巧克力中加入轉化糖，隔水加熱稍微煮融。
4　在**3**中加入少量的**2**，一面煮融，一面混合讓它分離。
5　用手握式電動攪拌器攪拌**4**，一面慢慢加入剩餘的**2**，一面讓它乳化，過濾。

〈組合和完成〉

巧克力（顆粒、6cm正方片、有店名的片狀）、蜜煮澀皮栗、果凍膠

1　在烤好的法式甜塔皮中，倒入零陵香豆風味的巧克力淋醬至3mm的高度。
2　將切成7mm厚片狀的巧克力海綿蛋糕體，用4號圓形切模切取，放入**1**中。
3　倒入剩餘的巧克力淋醬填滿模型，放入冷藏室冷卻。
4　在**3**上的3個地方，重疊放上2粒巧克力粒，上面放上6cm正方的巧克力片。再放上2個塗了果凍膠的蜜煮澀皮栗，最後裝飾上有店名的巧克力片。

水田 あゆみ　パティスリー シュエット

半球巧克力蛋糕

圖片→P52

※25個份

〈巧克力甜塔皮〉

發酵奶油　180g
糖粉　180g
蛋黃　40g
低筋麵粉　250g
可可粉　45g

1　將低筋麵粉和可可粉混合後，過篩2次備用。
2　將放在常溫中回軟的發酵奶油和糖粉混合，用攪拌器攪打至泛白為止。
3　在2中慢慢加入蛋黃，充分混合。
4　在3中加入1，混合均勻成為一團。用保鮮膜包好，放入冷藏室讓它鬆弛一晚。
5　將麵團擀成2mm厚，鋪入直徑6.5cm的模型中，放入175℃的烤箱中，壓上鎮石烘烤15分鐘後，拿掉鎮石再烤5分鐘。

〈杏仁巧克力蛋糕體〉

（直徑5cm的中空圈模40個份）

A│糖粉　250g
　│杏仁粉　150g
B│全蛋　100g
　│蛋黃　150g
C│低筋麵粉　100g
　│可可粉　100g
D│蛋白　300g
　│白砂糖　100g
發酵奶油　50g

1　將A混合篩過2次，加入B中，攪打發泡變黏稠。
2　在D的蛋白中分3～4次加入白砂糖，製成蛋白霜。
3　在1中加入1/3量的蛋白霜，加入混合篩過的C，如切割般混拌，再加入剩餘的蛋白霜。
4　加入融化的發酵奶油。
5　倒入烤盤中，放入180℃的烤箱中烘烤30分鐘，取出後以中空圈模切取。

〈紅茶巧克力淋醬〉

56%巧克力（法芙娜公司「黑色赤道巧克力（Equatorial noir）」）　250g

A│38%鮮奶油　350g
　│伯爵紅茶　30g

1　將A混合加熱，讓煮出的紅茶香味釋入鮮奶油中，過濾。
2　在巧克力中加入1，煮融。

〈檸檬鮮奶油〉

蛋黃　4個份
全蛋　4個
白砂糖　500g
檸檬汁　250ml
無鹽奶油　250g
42%鮮奶油　150g

1　將蛋黃和全蛋混合打散，加入白砂糖混合，加入檸檬汁充分混勻。
2　在鍋裡放入1，開小火加熱，從鍋底一面混拌，一面用木匙混拌煮到會冒泡湧出的黏稠度，過濾。
3　放涼至人體體溫程度，加入攪拌成乳脂狀的無鹽奶油使其融化，放入冷藏室中。
4　在3的成品中取150g放在攪拌盆中，和攪打至八分發泡的鮮奶油混合。

〈巧克力慕斯〉

A│蛋黃　100g
　│白砂糖　25g

B│白砂糖　40g
　│水　20g
42%鮮奶油　70g
41%牛奶巧克力
（法芙娜公司「圭那亞牛奶巧克力（Guanaja Lactée）」）　150g
C│42%鮮奶油　300g
　│伯爵紅茶　20g

1　將A混合，用高速的攪拌器攪打發泡。
2　用B製成120℃的糖漿，慢慢加入1中混合。
3　用做好糖漿的鍋煮沸鮮奶油（70g），加入2中製作蛋黃霜，放涼至人體體溫程度（40℃）備用。
4　牛奶巧克力隔水加熱至40℃融化，加入3混合。
5　將C混合加熱，加蓋約燜5分鐘讓紅茶的香味釋入鮮奶油中，過濾。將攪拌盆底泡入冰水中，攪打成七分發泡。
6　將5加入4中，粗略混合後，換用橡皮刮刀，從攪拌盆底一面舀取，一面充分混合。

〈布蕾鮮奶油〉

（直徑3cm×高2cm的半球不沾模型100個份）

鮮奶　200g
35%鮮奶油　400g
A│白砂糖　100g
　│蛋黃　80g
　│全蛋　1個

1　鮮奶煮沸，加入鮮奶油中。
2　將A混合攪拌。
3　在2中慢慢加入1混合，過濾。
4　倒入不沾模型中，放入130℃的烤箱中烘烤20分鐘，放涼後冷凍。

※製作內餡

1　在直徑6cm×高3cm的半球不沾模型中倒入少量巧克力慕斯，放入布蕾鮮奶油，再在模型中倒滿巧克力慕斯。
2　放上3片已切片的杏仁巧克力蛋糕體，放入冷凍。

〈噴槍用巧克力〉

66%巧克力（法芙娜公司「加勒比（Caraibe）巧克力」）　100g
可可奶油　100g

1　將材料混合煮融。

〈組合和完成〉

巧克力裝飾

1　在巧克力甜塔皮中疊上紅茶巧克力淋醬和檸檬鮮奶油，抹平。
2　將冷凍好的內餡脫模，放在1上。用噴槍噴上巧克力，裝置上巧克力裝飾即完成。

聖喬治蛋糕 圖片→P54

※33cm×48cm×高4cm的長方形模型1個份

〈巧克力布朗尼蛋糕〉

55%巧克力（法芙娜公司「黑色赤道巧克力」） 200g
無鹽奶油 180g
轉化糖 30g
蛋黃 85g
A｜蛋白 170g
　｜白砂糖 100g
杏仁糖粉 170g
B｜低筋麵粉 100g
　｜可可粉 30g

1 在融化的巧克力中，加入攪拌成乳脂狀的無鹽奶油和轉化糖，加入已隔水加熱的蛋黃混合。
2 將A攪打發泡製作蛋白霜。
3 將B混合過篩。
4 在1中加入1/3量2的蛋白霜混合，依序加入杏仁糖粉和3混合後，分數次加入剩餘的蛋白霜混合。
5 將4倒入鋪了紙的長方形模型中，刮平，放入200℃的烤箱中約烘烤15分鐘。

〈巧克力淋醬〉

56%巧克力（法芙娜公司「卡拉庫（Caraoue）巧克力」） 200g
42%鮮奶油 150g
無鹽奶油 150g
柑曼怡香橙干邑甜酒 20ml

1 鮮奶油煮沸，倒入巧克力中讓它融化。
2 在攪拌成乳脂狀的無鹽奶油中加入1，充分混合讓它乳化。
3 放涼至人體體溫程度後，加入柑曼怡香橙干邑甜酒。

〈巧克力慕斯〉

蛋黃 15個份
A｜白砂糖 150g
　｜水 50ml
42%鮮奶油 150g
71%巧克力（魏斯〔Weiss〕公司「埃培努（音譯）巧克力」） 550g
42%鮮奶油 1000g
糖漬橙皮 100g
※糖漬橙皮用柑曼怡香橙干邑甜酒醃漬備用更佳。

1 將A混合製作成120℃的糖漿。
2 用攪拌器打發蛋黃，慢慢加入1混合。
3 在做好糖漿的鍋中煮沸鮮奶油（150g），加入2中製作蛋黃霜，放涼至人體體溫程度（40℃）備用。
4 巧克力隔水加熱至40℃讓它融化，混合3，加入切小塊的糖漬橙皮。
5 在4中加入攪打至七分發泡的鮮奶油（1000g），粗略混拌，改用橡皮刮刀，一面從攪拌盆的盆底舀取，一面充分混合。

〈柳橙糖漿〉

柳橙果汁 200ml
白砂糖 100g
柑曼怡香橙干邑甜酒 120g

1 將柳橙果汁和白砂糖混合煮沸，略為放涼後，混入柑曼怡香橙干邑甜酒。

〈組合和完成〉

香堤鮮奶油、糖漬橙皮、可可粉

1 巧克力布朗尼蛋糕烤好趁熱，塗上柳橙糖漿備用。
2 再塗上巧克力淋醬，暫放凝固後，倒入巧克力慕斯，冷凍凝固。切成3cm×8cm的大小，擠上香堤鮮奶油，撒上可可粉，最後裝飾上糖漬橙皮即完成。

葡萄柚蛋糕 圖片→P55

※直徑6.5cm的塔模型21～24個份

〈達克瓦茲塔麵團〉

A｜蛋白 100g
　｜白砂糖 90g
　｜乾燥蛋白 1大匙
B｜杏仁粉 90g
　｜糖粉 90g
　｜低筋麵粉 30g

1 將A材料放入攪拌盆中，攪打到尖端能立起的發泡程度。
2 將B材料篩過2次，加入1中粗略混合。
3 將2裝入擠花袋中，用6mm的圓形擠花嘴薄薄的擠入模型中，製作塔底麵糊。在同樣的中空圈模中，塗上無鹽奶油（份量外），貼上烤焙紙，在中空圈模內圈擠上小球形，放在做好的塔底麵團上。放入180℃的烤箱中約烤15分鐘。

〈迪普洛曼鮮奶油（Crme diplomat）〉

卡士達醬（請參照P102「草莓千層派」） 100g
42%鮮奶油 150g
糖粉 15g

1 在鮮奶油中加入糖粉，充分攪打至九分發泡。
2 在卡士達醬中加入1/3量的1，如切割般攪拌，約混至八成均勻時，加入剩餘的1混合。

〈糖漬葡萄柚〉

葡萄柚（紅肉、白肉） 適量
糖漿（波美度（Baume）30°） 適量

1 葡萄柚去薄皮。
2 葡萄柚用能蓋過葡萄柚的熱糖漿浸泡。放入冷藏室中半天以上。
※葡萄柚上會形成砂糖膜鎖住水分，完成後葡萄柚水嫩多汁。約可保存2天。

〈組合和完成〉

糖漿（波美度30°糖漿＋糖漿1/3量的櫻桃白蘭地）、果凍膠、香堤鮮奶油、開心果（切碎）

1 達克瓦茲塔的底部塗上糖漿，擠入迪普洛曼鮮奶油成為半球狀。
2 在1上，如黏貼般放上糖漬葡萄柚，塗上果凍膠增加光澤，擠上香堤鮮奶油，最後裝飾上開心果。

草莓千層派　圖片→P56

※24個份

〈起酥皮麵團〉（60cm×40cm的烤盤2片份）

A｜高筋麵粉　250g
　｜低筋麵粉　250g
　｜鹽　12g
無鹽奶油　150g
醋　5ml
水　200ml
無鹽奶油（摺入用）　350g
糖粉　適量

1　摺入用無鹽奶油以擀麵棍敲打成四角形，放入冷藏室冷藏備用。
2　將A混合過篩，和無鹽奶油（150g）一起放入攪拌機中，慢慢加入混合好的醋和水。
3　混成塊後取出揉成一團，上面呈十字切出切口，用保鮮膜包好放入冷藏室冷藏1小時讓它鬆弛。
4　從3的切口處擀開，放上1的摺入用奶油包住，用擀麵棍將麵團擀開後，再摺三摺，這樣的作業重複3次。
5　將麵團擀成3mm厚，放入200℃的烤箱中烘烤約20分鐘，兩面撒上糖粉。
6　為避免麵皮彎曲，壓上鎮石後放涼。

〈千層派用鮮奶油〉

卡士達醬★　200g
42%鮮奶油　200g
君度橙酒　10ml
糖粉　20g

1　鮮奶油和糖粉混合，充分攪打成九分發泡，加入君度橙酒。
2　在卡士達醬中加入1的1/3量，混拌至八成均勻（勿過度混合，以免失去彈性），加入剩餘的混勻整體。

★卡士達醬

鮮奶　500ml
香草莢　1/2根
蛋黃　80g
白砂糖　100g
低筋麵粉　25g
玉米粉　25g

1　剖開香草莢，豆連莢一起放入鮮奶中，加熱到快煮沸前。
2　將蛋黃和白砂糖攪拌混合。
3　低筋麵粉和玉米粉混合過篩，加入2中混合。
4　將3和1混合，煮成卡士達醬。

〈組合和完成〉

草莓（Amaou）、糖粉、香堤鮮奶油、果凍膠

1　將起酥皮切成8cm寬，2片一組，另一片長邊每間隔3.3cm切開。
2　將1的完整一片上擠滿千層派用鮮奶油。
3　草莓去蒂，並排在2的上面，較大的切去上端，讓高度一致。草莓之間和上面都擠上千層派用鮮奶油。
4　在3的上面排放切成3.3cm的起酥皮，從縫隙間下刀，直到切斷底下起酥皮。
5　撒上糖粉，擠上香堤鮮奶油，放上草莓，塗上果凍膠增加光澤。

鄉村塔　圖片→P57

※10個份（直徑21cm塔模型1個）

〈法式甜塔皮〉（使用成品中的200g）

無鹽奶油　150g
全蛋　1個
糖粉　100g
低筋麵粉　250g

1　將攪拌成乳脂狀的無鹽奶油用攪拌器攪打發泡，混合糖粉。
2　打散的全蛋慢慢加入1中，充分混合讓它乳化。
3　篩過的低筋麵粉加入2中，如切割般混合，再揉成一團。
4　用保鮮膜包好，放入冷藏室一晚讓它鬆弛。

〈杏仁鮮奶油〉（使用成品中的300g）

無鹽奶油　150g
糖粉　150g
全蛋　3個
杏仁粉　150g
香草油　少量
蘭姆酒　21ml

1　杏仁粉和糖粉混合，過篩。
2　蛋打散，隔水加熱至人體體溫的程度。
3　用攪拌器將無鹽奶油攪打成乳脂狀，加入1打發。
4　將3攪打成含有空氣變得泛白柔軟後，慢慢加入2混合。
5　加入香草油和蘭姆酒。

〈酥粒（Streusel）〉

無鹽奶油　40g
楓糖　20g
白砂糖　20g
低筋麵粉　40g
高筋麵粉　40g
鹽　少量

1　將無鹽奶油打散，和其他所有材料一起放入食物調理機中混合。混成一團後，冷凍備用。

〈餡料〉

焦糖煎蘋果
　｜蘋果（紅玉）　1個
　｜楓糖　適量
　｜白砂糖　適量
　｜無鹽奶油　適量
糖漿煮紅薯
　｜紅薯　適量
　｜糖漿（白砂糖、水、鹽）　適量

1　製作焦糖蘋果。蘋果切成1cm小丁。白砂糖煮焦，顏色恰到好處後，加入楓糖，繼續加入無鹽奶油，煮融後加入蘋果香煎。
2　製作糖漿煮紅薯。紅薯切圓片，用糖漿熬煮。在使用前都用糖漿浸漬。

〈組合和完成〉

蘋果、香堤鮮奶油、肉桂粉、糖粉

1　法式甜塔皮擀成3mm厚，鋪入塔模型中，擠入杏仁鮮奶油，在中央放上用焦糖煎過的蘋果，周圍放上糖漿煮紅薯。上面再放上切片生蘋果，撒上酥粒。
2　放入180℃的烤箱中烘烤約1小時。
3　涼了之後分切為10等份，擠上香堤鮮奶油，撒上肉桂粉和糖粉。

岸岡 滿　パティスリー サロン・ド・テ エム・エス・アッシュ

芒果蛋糕　圖片→P60

※25cm×33cm×高5cm　7個份

〈裘康地杏仁蛋糕體（Biscuit joconde）〉

（38cm×52cm的烤盤1片份）

全蛋　280g
杏仁粉　100g
糖粉　200g
蛋白　250g
白砂糖　120g
低筋麵粉　80g
無鹽奶油　50g

1　在攪拌盆中放入全蛋、杏仁粉和糖粉攪拌混合。
2　在別的攪拌盆中放入蛋白、白砂糖攪打成九分發泡的蛋白霜。
3　在1中放入2的1/3量蛋白霜，加入篩過的低筋麵粉混合後，再加入剩餘的蛋白霜和融化的無鹽奶油混合。
4　迅速倒入烤盤，放入200℃的烤箱中烘烤16分鐘。

〈嫩起司〉

奶油起司　400g
A｜蛋黃　25g
　｜白砂糖　57g
　｜水　20g
吉利丁片　9g
優格　110g
檸檬汁　8g
36%鮮奶油　110g

1　奶油起司隔水加熱煮軟備用。
2　用A製作蛋黃霜，加入吉利丁片。吉利丁片用水泡軟後瀝除水分，加入鮮奶（20g）中，隔水加熱煮融。
3　將1和2混合，加入優格、檸檬汁混合，最後混入攪打至八分發泡的鮮奶油中。

〈芒果巴伐露斯〉

芒果泥　430g
鮮奶　130g
蛋黃　130g
白砂糖　160g
吉利丁片　12g
36%鮮奶油　320g

1　芒果泥煮沸，過濾備用。
2　用鮮奶、蛋黃、白砂糖煮成英式蛋奶醬，加入用水泡軟的吉利丁片煮融。
3　將1和2混合，混入攪打至八分發泡的鮮奶油。

〈組合和完成〉

透明果凍膠100g、芒果泥100g、芒果、橙皮乾

1　在模型中鋪入裘康地杏仁蛋糕體，倒入嫩起司，再鋪上剩餘的裘康地杏仁蛋糕體，倒入芒果巴伐露斯。
2　將透明果凍膠和芒果泥混合，倒到1上，裝飾上芒果和橙皮乾。

巧克力塔　圖片→P62

※直徑7cm×高1.7cm的中空圈模10個份

〈法式甜塔皮〉

無鹽奶油　90g
糖粉　60g
全蛋　30g
杏仁粉　20g
低筋麵粉　150g

1　在攪拌成乳脂狀的無鹽奶油中加入糖粉，攪拌混合。
2　將濾過的全蛋汁分3次加入1中。
3　在2中加入杏仁粉和低筋麵粉，用橡皮刮刀混拌。
4　倒入模型中，放入上火170℃、下火160℃的烤箱中烘烤1小時。

〈拇指蛋糕體〉

蛋白　25g
白砂糖　15g
蛋黃　12.5g
低筋麵粉　9g
玉米粉　9g

1　將蛋白和白砂糖攪打成蛋白霜。
2　在1中加入蛋黃，篩入已混合過篩的低筋麵粉和玉米粉。
3　將2擠入直徑5cm的模型中，放入200℃的烤箱中烘烤5分鐘。

〈焦糖〉

白砂糖　125g
36%鮮奶油　125g

1　將白砂糖分3～4次放入鍋中煮融，加入鮮奶油熬煮製成焦糖。

〈巧克力慕斯〉

鮮奶　45g
36%鮮奶油　45g
蛋黃　20g
白砂糖　7g
63%巧克力　120g
白蘭地　9g
36%鮮奶油　210g
吉利丁片　4g

1　將鮮奶、鮮奶油（45g）、蛋黃、白砂糖煮成英式蛋奶醬，加入用水泡軟的吉利丁片，一面過濾，一面加入巧克力中混合。
2　將鮮奶油（210g）攪打至六分發泡，加入1中，加入白蘭地，擠入中空圈模中。

〈組合和完成〉

可可奶油、噴槍用巧克力（可可奶油75g、巧克力100g）、香堤鮮奶油、巧克力淋面、榛果（裹上焦糖）

1　在烤好的法式甜塔皮中，塗上可可奶油，倒入焦糖，放上拇指蛋糕體。
2　在空處擠上香堤鮮奶油。
3　在巧克力慕斯上用噴槍噴上巧克力，放到2上，再裝飾裹上焦糖的榛果和巧克力淋面。

栗子塔　圖片→P63

※直徑7cm×高1.7cm的中空圈模10個份

〈薄餅（Pte filo）〉
薄餅　4片
清澄無鹽奶油液　適量

1　在薄餅上薄塗清澄無鹽奶油液，鋪入中空圈模中。

〈卡士達杏仁奶油餡（Crme frangipane）〉
杏仁鮮奶油
　無鹽奶油　75g
　糖粉　75g
　全蛋　75g
　杏仁粉　75g
卡士達醬（請參照P104「西西里蛋糕」）　100g

1　製作杏仁鮮奶油。在攪拌成乳脂狀的無鹽奶油中加入糖粉混合，分4～5次加入放在常溫下的全蛋，加入杏仁粉混合。
2　在**1**中加入卡士達醬充分混合。

〈栗子鮮奶油〉
無鹽奶油　50g
和栗泥　500g
36%鮮奶油　250g
蘭姆酒　15g

1　在攪拌成乳脂狀的無鹽奶油中，加入過濾的和栗泥充分混合，再加入鮮奶油和蘭姆酒。

〈組合和完成〉
蘭姆酒、卡士達醬60g、澀皮栗甘露煮、巧克力裝飾、糖粉、銀箔

1　在鋪入薄餅麵團的中空圈模中，擠入卡士達杏仁奶油餡，放入170℃的烤箱中烤45分鐘，立刻塗上蘭姆酒。
2　待**1**涼了之後，依序擠上卡士達醬、栗子鮮奶油，裝飾上澀皮栗甘露煮和巧克力裝飾，撒上糖粉，放上銀箔。

西西里蛋糕　圖片→P64

※25cm×33cm×高5cm　7個份

〈開心果蛋糕體〉（38cm×52cm的烤盤1片份）
開心果泥　70g
杏仁粉　68g
糖粉　142g
全蛋　200g
蛋白　177g
白砂糖　83g
低筋麵粉　57g
無鹽奶油　35g

1　開心果泥、杏仁粉和糖粉用攪拌器混合。
2　在**1**中慢慢加入濾過的全蛋汁，攪打發泡成為絲綢狀為止。
3　將蛋白和白砂糖攪打成蛋白霜。
4　在**1**中依序加入**3**的1/3量，篩過2次的低筋麵粉混合，再加入剩餘的**3**，加入融化無鹽奶油液混合。
5　將**4**倒入烤盤中，放入200℃的烤箱中烘烤16分鐘。

〈開心果鮮奶油〉
無鹽奶油　385g
白砂糖　234g
卡士達醬★　500g
香堤鮮奶油　220g
開心果泥　244g
櫻桃白蘭地　65g

1　將無鹽奶油和白砂糖充分攪拌混合，攪打至七分發泡。
2　將**1**和卡士達醬充分混合。
3　卡士達醬中混入香堤鮮奶油。
4　將開心果泥和櫻桃白蘭地混合，再混入**3**的2/3量。
※剩餘的1/3量要用於「覆盆子鮮奶油」中。

〈覆盆子鮮奶油〉
上記「開心果鮮奶油」作法**3**中剩餘的1/3量
覆盆的果醬★　100g

1　在開心果鮮奶油中用剩的1/3量的鮮奶油中，加入覆盆子果醬混合。

★卡士達醬
36%鮮奶油　50g
鮮奶　450g
香草莢　1/2根
蛋黃　80g
白砂糖　100g
低筋麵粉　45g

1　將鮮奶、鮮奶油、剖開的香草莢連莢一起放入鍋中，加熱煮至快沸騰前。
2　將蛋黃和白砂糖打發，加入篩過的低筋麵粉混合。
3　在**2**中慢慢加入**1**混合，過濾到鍋裡加熱煮沸。

★覆盆子果醬
覆盆子　100g
白砂糖　30g
水飴　15g
檸檬汁　10g

1　將所有材料混合、熬煮。

〈組合和完成〉
香堤鮮奶油、開心果、透明果凍膠

1　在模型中鋪入開心果蛋糕體。倒入開心果鮮奶油、覆盆子鮮奶油，重複2次這樣的作業。
2　塗上透明果凍膠，擠上香堤鮮奶油，裝飾上開心果。

洋梨塔　圖片→P65

※直徑7cm×高1.7cm的中空圈模10個份

〈法式甜塔皮〉
請參照P103「巧克力塔」

〈洋梨鮮奶油〉
全蛋　125g
白砂糖　112g
無鹽奶油　175g
洋梨泥　125g

1　將全蛋和白砂糖用打蛋器混合。
2　無鹽奶油開火加熱，煮融。
3　洋梨泥開火加熱，煮融備用。
4　在1中加入2，用打蛋器混合，過濾。
5　在4中加入3，隔水加熱慢慢混合到變濃稠為止。
6　隔水加熱，脫模，直接加熱，讓蛋煮熟。
7　離火，放涼。

〈蜜煮洋梨〉
洋梨　1個
水　100ml
白砂糖　50g
檸檬片　適量
香草莢　1/2根

1　洋梨去皮，切成8等份。
2　將水、白砂糖、檸檬片、香草莢煮沸，加入1，煮4～5分鐘。

〈吉布斯特醬〉
A｜鮮奶　120g
　｜36％鮮奶油　120g
　｜蛋黃　87g
　｜白砂糖　60g
　｜低筋麵粉　15g
吉利丁片　6.5g
蛋白　145g
白砂糖　83g

1　用A的材料製作卡士達醬（請參照P104「西西里蛋糕」），趁熱加入用
　　水泡軟的吉利丁片讓它融化，稍微放涼。
2　用蛋白和白砂糖（83g）製作蛋白霜，加入1中混合。
3　擠入中空圈模中，冷藏凝固。

〈組合和完成〉
可可奶油、小泡芙★、白砂糖、糖粉

1　在法式甜塔皮中塗上可可奶油，放入蜜煮洋梨，倒入洋梨鮮奶油。
2　將吉布斯特醬脫模，放在1上，表面撒上白砂糖，燒烤使其焦糖化。
3　裝飾上小泡芙，撒上糖粉。

★小泡芙
鮮奶　100g
水　100g
無鹽奶油　100g
鹽　少量
白砂糖　少量
低筋麵粉　100g
全蛋　約3個
香堤鮮奶油　適量

1　將鮮奶、水、鹽、白砂糖和無鹽奶油煮沸。
2　離火，加入篩過的低筋麵粉迅速混合。
3　再開火加熱，一面不停混合，一面加熱。
4　倒入攪拌盆中，分數次加入打散的蛋汁。
5　在烤盤上擠上直徑1cm左右的麵糊，放入上火200℃、下火220℃的烤箱
　　中烘烤約15分鐘。
6　放涼後，擠入卡士達醬。

山本 浩泰　パティシエ ヒロ ヤマモト

柳橙巧克力蛋糕體　圖片→P68

※長9cm×高4.5cm的橢圓形中空圈模12個份

A｜59.5％巧克力（百樂嘉利寶（Barry
　　Callebaut）公司「3815 Cullet」）　58g
　　無鹽奶油　47g
　　35％鮮奶油　37g
B｜蛋黃　56g
　　白砂糖　58g
　　橙皮　6g
低筋麵粉　47g
可可粉　37g
橙皮乾★　45g
蛋白霜
　｜蛋白　100g
　｜白砂糖　58g

1　將A用微波爐加熱40～45℃，用打蛋器充分混合讓它完全融合。
2　將B攪拌混合，用攪拌器攪打至泛白黏稠。加入1中，用橡皮刮刀輕輕混拌成大理石紋理狀。
3　將低筋麵粉和可可粉過篩混合，撒入切成5mm小丁的橙皮乾。這樣，烤好時橙皮乾才不會沉入麵糊底部。
4　在蛋白中加入白砂糖，用攪拌器攪打成尖端會垂下的發泡程度，製成七分發泡的蛋白霜。
5　在2中加入1/3量的蛋白霜，輕輕混合成大理石紋理狀。加入3，如切割般混合至大約還剩1/3量粉粒的狀態。加入剩餘的蛋白霜，從盆底舀取翻拌混合整體，直到麵糊顏色稍微變深即可。
6　在橢圓形中空圈模中鋪上烤焙紙，用12號擠花嘴擠入5的麵糊至七分滿程度。放入170℃的烤箱中烘烤，途中倒叩烤盤再烤20分鐘。為避免烤好後裡面的餘熱將水分蒸乾，烤好後立刻脫模，撒掉烤焙紙。

★橙皮乾
柳橙皮　30個份
白砂糖　1500g
水　1000g

1　將橙皮放入水中煮到變柔軟。
2　在鍋裡放入白砂糖和水混合，開火加熱煮成糖漿。放入1開火加熱，煮至90～98℃即熄火，靜置一晚。這項作業重複2週的時間，藉由熬煮讓糖度逐漸上升。成品大致的甜度（brix）為72度。

〈組合和完成〉
香堤鮮奶油、橙皮乾、黑巧克力、糖粉、金箔

1　在巧克力蛋糕體上撒上糖粉，擠上香堤鮮奶油，放上切細的橙皮乾，裝飾上金箔，刺上切開的黑巧克力。

西西里蛋糕　圖片→P70

〈開心果達克瓦茲蛋糕體〉（30cm×20cm的長方形模型1片份）

A｜杏仁粉　200g
　　開心果粉　87g
　　糖粉　350g
　　低筋麵粉　200g
開心果泥　28g
蛋白霜
　｜蛋白　370g
　｜白砂糖　130g

1　將A全部過篩混合。在蛋白中一面分3次加入白砂糖，一面用攪拌器攪打發泡，製作八分發泡的蛋白霜。在開心果泥中加入少量打發的蛋白霜，再倒回蛋白霜中混合。加入A，用橡皮刮刀如切割般混拌。
2　倒入長方形模型中，放入180℃的烤箱中烘烤28分鐘。靜置一晚讓它鬆弛。

〈馬斯卡邦白巧克開心果香堤鮮奶油〉
（容易製作的最少單位）

35％鮮奶油　144g
馬斯卡邦起司　72g
開心果泥　13g
28％白巧克力（百樂嘉利寶公司「W2 Cullet」）　108g
吉利丁片　1g

1　在鍋裡加入鮮奶油、馬斯卡邦起司和開心果泥，用打蛋器一面混合，一面讓它煮沸。因含有大量乳脂肪成分，為了不產生分離現象，完成細滑的鮮奶油，這裡要徹底煮沸。
2　將1加入白巧克力中，也加入用水泡軟的吉利丁片。用手握式電動攪拌器充分混合後，用橡皮刮刀充分混合，讓巧克力完全融化。
3　放入冷藏室中24小時以上，利用乳脂肪的力量讓它從液體轉變成濃稠的香堤鮮奶油。因加熱過，所以能保存4天。

〈覆盆子籽醬〉（30cm×20cm的蛋糕1片份）

A｜覆盆子　290g
　　白砂糖　195g
　　果膠　8g
　　水飴　90g
檸檬汁　6.5g

1　在鍋裡加入A用小火熬煮，覆盆子變軟後加入檸檬汁再熬煮。成品大致的甜度是52度。

〈開心果慕斯鮮奶油〉（30cm×20cm的蛋糕1片份）

奶油醬★　120g
開心果泥　15g
卡士達醬★　38g
35％鮮奶油　75g

1　將奶油醬和開心果泥混合充分打發，加入卡士達醬再打發，加入打發至九分發泡的鮮奶油稍微混合。

★奶油醬
蛋黃　150g
A｜白砂糖　135g
　｜海藻糖（Trehalose）　90g
無鹽奶油　80g
義大利蛋白霜☆　120g

1　在蛋黃中加入A用攪拌器混合，也加入變軟的奶油充分混合。加入義大利蛋白霜用橡皮刮刀稍微混合。

☆義大利蛋白霜
白砂糖 120g
水 30g
蛋白 80g

1 在鍋裡加入水和白砂糖煮沸，熬煮至117℃。
2 用攪拌機將蛋白攪打發泡製成蛋白霜，一面混合，一面將 1 呈線狀倒入。再充分打發，倒入淺鋼盤中放涼。

★卡士達醬
鮮奶 1000g
香草莢（大溪地產） 1/2根
香草莢（巴布亞新幾內亞產） 1/2根
蛋黃 250g
白砂糖 225g
卡士達醬粉 105g
無鹽奶油 95g

1 在鮮奶中加入香草莢加熱至80℃，放置30分鐘讓香味釋出。
2 在蛋黃中加入白砂糖，用打蛋器攪拌混合，加入卡士達醬粉混合。
3 在2中加入1的鮮奶混合，用網篩過濾放回鍋中熬煮，加入奶油混合。

〈組合和完成〉
黑巧克力（可可成分70%、60cm×40cm）320g、280g、覆盆子、醋栗、可可粉

1 將開心果達克瓦茲蛋糕體和黑巧克力，分別切成9cm×3cm的大小。
2 在開心果達克瓦茲蛋糕體上塗上覆盆子籽醬，再疊上開心果達克瓦茲蛋糕體。塗上開心果慕斯鮮奶油，放上320g的黑巧克力。放入冷藏室冷藏凝固。
3 攪打發泡變軟的馬斯卡邦白巧克力開心果香堤鮮奶油，用14號擠花嘴擠成2列。放上280g的黑巧克力，撒上可可粉，裝飾上覆盆子和醋栗。

加勒比巧克力蛋糕 圖片→P71

〈巧克力慕斯〉（直徑6.5cm×高3cm的中空圈模50個份）
英式蛋奶醬
　鮮奶 525g
　蛋黃 300g
　白砂糖 120g
　吉利丁片 27g
66%巧克力（法芙娜公司「加勒比（Caraibe）巧克力」） 675g
35%鮮奶油 900g

1 製作英式蛋奶醬。鮮奶煮到快沸騰之前為止。
2 在蛋黃中加入白砂糖，用打蛋器混拌直到變得泛白為止。
3 倒入1/3量1的鮮奶混合，混勻後倒回1的鍋中，一面混合，一面以小火加熱，煮到變濃稠後用網篩過濾。加入用水泡軟的吉利丁片，煮融。
4 加入巧克力，用手握式電動攪拌器攪拌，讓它乳化變得有光澤。
5 若4的溫度降至45℃時，加入攪打至六分發泡的鮮奶油，用橡皮刮刀混拌變均勻。

〈巧克力蛋糕體〉
（60cm×40cm的烤盤2片份「加勒比巧克力蛋糕」70個份）
A｜杏仁粉 280g
　｜糖粉 280g
蛋黃 260g
蛋白 120g
蛋白霜
　｜蛋白 520g
　｜白砂糖 180g
低筋麵粉（日清製粉「Violet」） 190g
可可粉 80g
無鹽奶油 80g

1 將A混合，用裝上攪拌器的攪拌機攪打至泛白為止。
2 在蛋白中加入白砂糖攪打發泡，製作八分發泡的蛋白霜。
3 在1中加入2，用橡皮刮刀如切割般混合。
4 混勻後，加入已過篩混合的低筋麵粉和可可粉，如切割般混合，混勻後加入已融化的常溫奶油混合。

5 在每片烤盤中倒入1030g，放入220℃的烤箱中烘烤約10分鐘。一半量用直徑5.5cm，剩餘的用直徑6cm的切模切取。

〈榛果脆片〉（「加勒比巧克力蛋糕」80個份）
41%牛奶巧克力 180g
榛果醬 360g
酥片（feuillantine） 110g
無鹽奶油 70g

1 在已加熱至45℃的熱牛奶巧克力中加入榛果醬，用橡皮刮刀迅速攪拌混合。
2 加入酥片充分混合。加入融化的奶油充分混合，讓整體融合。
3 壓成5mm厚的長方形，放入冷藏室冷藏凝固，用直徑5cm的模型切取。

〈巧克力淋面〉（容易製作的最少單位）
白砂糖 62.6g
水 26.2g
43%鮮奶油 46.6g
水飴 23.2g
可可粉 17.4g
吉利丁粉（新田吉利丁「新銀」） 2.48g
轉化糖 6.5g
水 14.8g

1 將鮮奶油和水飴煮沸。
2 將水和白砂糖開火加熱，煮至116℃，和1混合。加入可可粉混合。
3 溫度降至70℃，加入用份量內的水泡軟的吉利丁，使其融化，再加轉化糖。用手握式電動攪拌器混合，以網篩過濾。

〈濕潤用糖漿〉（容易製作的份量）
糖漿（波美度30°） 100g
水 30g

1 將糖漿和水混合。

〈組合和完成〉
黑巧克力、銀箔

1 逆向組合。在直徑5.5cm的巧克力蛋糕體中刷上濕潤用糖漿，放在榛果脆片上。放入冷藏室冷藏凝固。
2 將巧克力慕斯擠入直徑6.5cm×高3cm的中空圈模中至一半高度，將1的巧克力蛋糕體朝下放入圈模中，再擠入巧克力慕斯直到圈模全滿。放上直徑6cm的巧克力蛋糕體，放入冷藏室冷藏凝固。
3 脫模，淋上巧克力淋面，在側面貼上黑巧克力，裝飾上銀箔。

拉芳杜蛋糕（Lavandou） 圖片→P72

〈巧克力藍莓鮮奶油〉
（直徑6.5cm×高1.5cm的中空圈模50個份）
35%鮮奶油　250g
水飴　50g
66%巧克力（法芙娜公司「加勒比巧克力」）　350g
藍莓泥（La fruitiere公司）　388g
35%鮮奶油　215g

1　在鍋裡放入鮮奶油和水飴煮沸，加入巧克力中。
2　巧克力稍微融化後，用手握式電動攪拌器充分混合直到泛出光澤，讓它徹底乳化。這裡溫度冷卻至40～45℃。
3　一面加入常溫的藍莓泥，一面混合。若加入冰涼的藍莓泥，巧克力會凝固，這點請留意。
4　一面混合，一面加入冰鮮奶油，讓溫度降至26℃為止。充分混合讓它乳化，才會泛出光澤。

〈無粉蛋糕體〉
（60cm×40cm的烤盤1片份／「拉芳杜蛋糕」42個份）
杏仁醬　202.5g
無鹽奶油　229.25g
蛋黃　227.5g
蛋白霜
　蛋白　279.5g
　白砂糖　131.25g
可可粉　77.5g

1　在杏仁醬中加入恢復常溫的奶油，用攪拌器混合，慢慢加入蛋黃再混合。
2　蛋白中加入白砂糖用攪拌器慢慢打發，製作六分發泡的蛋白霜。在1中加入1/3量的蛋白霜混合至五成均勻，再加可可粉如切割般混合。加入剩餘的蛋白霜輕輕混合。
3　倒入烤盤上，放入180℃的烤箱中烘烤16分鐘。

〈酥片〉（容易製作的份量）
無鹽奶油　160g
白砂糖　60g
低筋麵粉　60g
杏仁粉　100g
乾薰衣草　5g

1　將已回軟的奶油和其他材料混合，用5mm的網篩過濾。
2　攤在烤盤上，放入180℃的烤箱中烘烤上色。

〈組合和完成〉
黑巧克力（直徑7cm）、蜜煮無花果★、藍莓、糖粉

1　將巧克力藍莓鮮奶油擠入直徑6.5cm×高1.5cm的中空圈模中至九分滿的程度，放上可蓋住鮮奶油的酥片（約10g），放入冷藏室使其凝固。
2　依序放上用直徑7cm的中空圈模切取的無粉蛋糕體、黑巧克力和1。
3　撒上糖粉，裝飾上切半的蜜煮無花果和藍莓。

★蜜煮無花果
無花果乾　200g
紅葡萄酒　150g
白砂糖　40g

1　為避免無花果煮爛，用竹籤在數個地方戳洞。
2　在鍋中放入所有材料，蓋上紙製的內蓋，靜靜熬煮1～2小時直到變軟為止。

栗香馬卡龍蛋糕 圖片→P73

〈馬卡龍〉（22個份）
杏仁糖粉　500g
蛋白　100g
A　白砂糖　37.3g
　乾燥蛋白　1.9g
　蛋白　94g
白砂糖　250g
水　75g

1　在杏仁糖粉中加入蛋白，用橡皮刮刀輕輕混合。
2　將A混合，用攪拌機以中速攪打發泡。
3　將白砂糖和水開火加熱製成糖漿，加熱至118℃。將2以高速攪打後再加入糖漿，恢復中速攪打到蛋白糊尖角稍微下垂的程度，製成蛋白霜。
4　將3的半量加入1中，用橡皮刮刀從盆底大幅度的翻拌混合。還未混勻前，加入剩餘的3混合。最後如按壓般混拌讓蛋白糊扁塌，混合到泛出光澤即停止。
5　將4裝入直徑8mm擠花嘴的擠花袋中。在鋪上烤焙墊的烤盤上，擠出直徑6.5cm的圓形。將烤盤敲打工作台，讓蛋白糊表面變平，直接放置20～30分鐘，讓表面乾燥。
6　放入160℃的烤箱中，中途烤盤前後調換再烤16分鐘。連烤焙墊一起取出放在網架上待涼。

〈栗子餡〉（「栗子馬卡龍蛋糕」28～30個份）
和栗泥（宮崎縣產）　350g
無鹽奶油　30g
鮮奶　25g
吉利丁片　3g

1　和栗泥和放在室溫已回軟的奶油，用低速的攪拌器混合。
2　將常溫的鮮奶和用水泡軟的吉利丁片混合，一面混合，一面慢慢加入1中。過度混合會產生分離的顆粒狀，所以混合成細滑狀態即停止。

〈楓糖鮮奶油〉（直徑4cm×高2cm的模型52～58個份）
鮮奶　468g
蛋黃　140g
楓糖　300g
馬斯卡邦起司　690g

1　將馬斯卡邦起司以外的材料全放入鍋中，一面混合，一面煮至97℃。
2　在外鍋用冷水進行冷卻，加入馬斯卡邦起司混合。

〈糖衣夏威夷豆〉（容易製作的份量）
夏威夷豆　200g
白砂糖　80g
水　18g

1　將白砂糖和水混合加熱製作糖漿。加入烤過的夏威夷豆，以小火一面熬煮混合，一面將糖漿裹到夏威夷豆上，煮到變焦糖狀之前停止。

〈組合和完成〉
糖漿煮蒸栗（島根縣產）、夏威夷豆糖衣、糖粉、可可粉

1　將楓糖鮮奶油擠入直徑4cm×高2cm的模型中至一半的深度。在中央放入1/2個糖漿煮蒸栗，在模型中再擠入滿滿的鮮奶油。放入冷藏室裡冷藏凝固。
2　在一片馬卡龍放上1，在周圍擠上栗子餡，再蓋上另一片馬卡龍，放入冷藏室一晚。
3　撒上糖粉和可可粉，再裝飾上夏威夷豆和切半的糖漿煮蒸栗。

伊東 福子　ポッシュ ドゥ レーヴ 蘆屋

生薑巧克力蛋糕　圖片→P76

〈檸檬達克瓦茲蛋糕〉（60cm×40cm的烤盤1片份）
A｜低筋麵粉　50g
｜杏仁粉　150g
｜糖粉　126g
B｜蛋白　250g
｜白砂糖　65g
檸檬皮　1個份
夏威夷豆　50g

1　將A混合過篩。
2　夏威夷豆切成5mm小丁備用。檸檬削下表皮。
3　用B的材料，攪拌成尖端能稍微豎起的蛋白霜。
4　在3中分數次加入1混合，再加入2。
5　將4倒入烤盤中，以170℃約烤11分鐘。

〈檸檬奶油醬〉（33cm×8cm的模型8個份）
A｜水（礦泉水）　58g
｜白砂糖　100g
｜水飴粉　80g
｜蛋白　100g
B｜無鹽奶油　150g
｜無鹽乳瑪琳　150g
｜杏仁醬　30g
檸檬皮　1個份
檸檬濃縮汁　30g

1　用A製作義大利蛋白霜。將白砂糖和水飴粉混合，加入礦泉水，加熱成濃稠（petit boule）的狀態（115℃的狀態）（因為需入口即化，所以不要加熱至118℃）。
2　將蛋白一面攪打發泡，一面慢慢加入1，製作義大利蛋白霜。
3　將B混合攪打發泡至泛白為止。
4　在3中分2次加入2混合，加入磨碎的檸檬皮、檸檬濃縮汁。

〈薑味巧克力鮮奶油〉
（33cm×8cm×高4cm的長方形模型3個份）
鮮奶　198g
42%鮮奶油　198g
薑　40g
轉化糖　8g
吉利丁片　5g
33%牛奶巧克力
（法芙娜公司「塔那里瓦（Tanariva Lactée）牛奶巧克力」）　200g

1　將鮮奶和鮮奶油混合，加入磨碎的薑和轉化糖，開火加熱煮沸。視香味斟酌薑的份量。
2　將1一面過濾到牛奶巧克力中，一面讓它融化，加入用水泡軟的吉利丁片混合。
3　倒入長方形模型中，放入冷凍室冷凍凝固。

〈巧克力奶酥醬〉（33cm×8cm×高4cm的長方形3個份）
奶酥（Crumble）
（P111「咖啡巧克力蛋糕」的巧克力酥片的多餘麵糊）　280g
40%巧克力　100g
無鹽奶油　10g
太白麻油　5g

1　將所有的材料混合。

〈歐蕾巧克力慕斯〉（33cm×8cm×高4cm的長方形模型3個份）
35%鮮奶油　400g
40%牛奶巧克力（法芙娜公司「吉瓦那巧克力」）　365g
蛋黃　40g
白砂糖　15g
鮮奶　190g

薑　40g

1　在鮮奶中加入磨碎的薑，加熱至煮沸前。
2　將蛋黃和白砂糖攪拌混合至泛白為止，加入1混合，一面過濾，一面倒回鍋中煮成英式蛋奶醬。
3　在牛奶巧克力中加入2煮融，和八分發泡的鮮奶油混合。

〈奶油巧克力淋醬〉（65～70個份）
61%巧克力　92g
A｜35%鮮奶油　90g
｜葡萄糖　5g
｜轉化糖　5g
35%鮮奶油　185g

1　將A混合開火加熱，加入巧克力中煮融。
2　在1中加入鮮奶油（185g）混合，放置一晚讓它融合。

〈噴槍用黑巧克力〉
64%巧克力　300g
可可奶油　135g
食用色素粉（紅色）　15～30g

1　將巧克力融化，加入可可奶油和食用色素粉混合。

〈黑巧克力〉
40%牛奶巧克力　適量

1　將牛奶巧克力調溫，切成8cm×3cm的長方形。

〈組合和完成〉
金箔

1　在33cm×8cm×高4cm的長方形模型中，鋪入巧克力奶酥醬，依序疊上切成長方形尺寸的檸檬達克瓦茲蛋糕、檸檬奶油醬、檸檬達克瓦茲蛋糕、薑味巧克力鮮奶油和歐蕾巧克力慕斯，刮平表面冷藏讓它凝固。
2　脫模，在表面用噴槍噴上黑巧克力，用星形擠花嘴擠上奶油巧克力淋醬，放上黑巧克力，裝飾上金箔。

開心果蛋糕　圖片→P77

〈巧克力蛋糕體〉（60cm×40cm的烤盤1片份）
A｜白砂糖　120g
｜全蛋　300g
｜蛋黃　75g
B｜無鹽奶油　120g
｜可可粉　45g
C｜玉米粉　37.5g
｜低筋麵粉　37.5g

1　將C混合過篩備用。
2　將隔水加熱至人體體溫的程度的A放入攪拌機中攪打，攪打發泡變黏稠為止（約20分鐘）。分2～3次加入1，混合。
3　奶油以40℃融化備用。用融化奶油液將可可粉混合成糊狀，隔水加熱讓溫度保持。
4　舀取一瓢的2加入3中混合，整體再倒回2中混合。
5　將4倒到烤盤上，放入170℃的烤箱中烘烤約10分鐘。

〈覆盆子奶油醬〉（直徑4cm×高2cm的不沾模型約30個份）
A｜覆盆子泥　250g
｜蛋黃　50g
｜白砂糖　30g
吉利丁片　4g
38%鮮奶油　100g
覆盆子白蘭地　10g

1 將蛋黃和白砂糖打發成乳脂狀，加入熱覆盆子泥混合，倒回鍋中煮成英式蛋奶醬，加入用水泡軟的吉利丁片。
2 待1變涼後，加入覆盆子白蘭地和攪打至八分發泡的鮮奶油混合。
3 分別裝入不沾模型中，放入冷凍室冷凍凝固。

〈開心果慕斯〉（21個份）
鮮奶　380g
A｜蛋黃　100g
　｜白砂糖　72g
　｜開心果泥　58g
香草莢（馬達斯加產）　1/2根
38%鮮奶油　460g
吉利丁片　8.5g

1 香草莢剖開連莢放入鮮奶中，加熱至快沸騰前。
2 將A放入攪拌盆中攪拌混合，慢慢加入1混合。
3 將2倒回鍋中煮成英式蛋奶醬，加入用水泡軟的吉利丁片，過濾。
4 將3倒入攪拌盆中，盆底一面放冰水，一面混合，冷卻至變濃稠為止。涼了之後和攪打至七分發泡的鮮奶油混合。

〈組合和完成〉
覆盆子（冷凍）、開心果、果凍膠、糖粉

1 在直徑5.5cm的中空圈模中，倒入開心果慕斯至六分滿的高度，將覆盆子奶油醬脫模放在中心，放上覆盆子再倒入慕斯，蓋上用直徑5.5cm的切模切取的巧克力蛋糕體。
2 將1放入冷藏室冷卻凝固。凝固後脫模，在表面塗上果凍膠，裝飾上覆盆子、切片開心果和糖粉。

栗子果仁蛋糕　圖片→P78

〈法式甜塔皮〉（直徑7cm的環狀塔模40～50個份）
無鹽奶油　100g
糖粉　70g
全蛋　35g
A｜杏仁粉　28g
　｜低筋麵粉　180g

1 將無鹽奶油和糖粉用攪拌器混合。
2 蛋打散，加入1中混合讓它乳化。
3 將已混合過篩的A加入2中混合。
4 將3靜置一晚，用壓麵機壓成2mm厚，用直徑10cm的圓形切模切取。

〈榛果鮮奶油〉（準備量）
A｜無鹽奶油　120g
　｜糖粉　170g
　｜果仁醬　30g
B｜杏仁粉　200g
　｜榛果粉　100g
　｜正葛粉　4g
全蛋　4個

1 在攪拌盆中放入A，用攪拌器混合。
2 在1中，依序加入打散的蛋汁和過篩B的粉類，混合。

〈卡士達醬〉（準備量）
鮮奶　1000ml
A｜蛋黃　200g
　｜白砂糖　200g
B｜卡士達醬粉　45g
　｜低筋麵粉　45g
香草莢（馬達斯加產）　1/2根

1 鍋中加入鮮奶和香草莢，開火加熱。
2 將A和香草種子放入攪拌盆中攪拌混合。
3 將B混合過篩，加入2中混合，加入1，一面過濾，一面放回鍋中開火加熱熬煮。

〈果仁慕斯〉（直徑6.5cm的薩瓦蘭模型15個份）
鮮奶　120g
A｜蛋黃　60g
　｜白砂糖　32g
　｜果仁醬（法芙娜公司）　50g
香草莢（馬達加斯加產）　1/2根
33%牛奶巧克力　13g
吉利丁片　4g
堅果香甜酒　4g
38%鮮奶油　260g

1 將A放入攪拌盆中攪拌混合。
2 剖開香草莢，連莢一起放入鮮奶中，加熱後加入1中，倒回鍋中煮成英式蛋奶醬。
3 在2中加入用水泡軟的吉利丁片和牛奶巧克力煮融，過濾。
4 攪拌盆底泡冰水冷卻混合，稍涼後加入堅果香甜酒繼續混合。混合到變濃稠，充分變涼後，加入攪打至七分發泡的鮮奶油混合。倒入模型中，放入冷凍室凝固。

〈栗子鮮奶油〉（準備量）
栗子泥　200g
鮮奶　36g
無鹽奶油　10g
蘭姆酒　5g

1 在栗子泥中加入鮮奶和蘭姆酒，混拌到沒有粉粒，加入已恢復室溫的無鹽奶油混合。

〈組合和完成〉
澀皮栗、果凍膠、可可巴芮小脆片（Paillete feuilletine）、牛奶巧克力

1 在直徑7cm的環狀模中鋪入法式甜塔皮。
2 將榛果鮮奶油和卡士達醬以1：1的比例混合，擠入1中，呈放射狀放上切成3半的澀皮栗，放入150℃的烤箱中烘烤36分鐘。
3 將果仁慕斯脫模，塗上果凍膠，放在變涼的2上。
4 將1裹上融化牛奶巧克力的酥片放在3的上面中央，擠上栗子鮮奶油，裝飾澀皮栗。

咖啡巧克力蛋糕　圖片→P79

〈榛果達克瓦茲蛋糕體〉（60cm×40cm的烤盤1片份）
A｜杏仁粉　70g
　｜榛果粉　80g
　｜低筋麵粉　50g
　｜糖粉　126g
B｜蛋白　250g
　｜白砂糖　60g

1 用B的材料攪打成尖端稍微能立起程度的蛋白霜。
2 將A混合過篩，分數次加入1中混合。
3 將2倒入烤盤中，放入170℃的烤箱中烘烤約11分鐘。

〈巧克力淋醬〉（33cm×8cm×高4cm的模型9個份）
A｜鮮奶　100g
　｜35%鮮奶油　100g
　｜轉化糖　15g
B｜40%牛奶巧克力
　｜（不二製油「迪奧弗歐爾巧克力（Duoflore）」）　145g
　｜64%巧克力（不二製油「烏那弗爾巧克力（Unaflor）」）　145g
無鹽奶油　75g

1 將A混合加熱。
2 將B放入攪拌盆中，加入1，混合至充分乳化為止。
3 在2中加入無鹽奶油讓它融化。

〈咖啡布蕾〉
（33cm×8cm×高4cm的長方形模型3個份）
A｜43%鮮奶油　300g
　｜鮮奶　200g
B｜蛋黃　100g
　｜白砂糖　56g

吉利丁片　5g
咖啡豆（義式咖啡用）　60g

1　咖啡豆磨碎，用平底鍋炒到散發香味。
2　將A混合，加入1加熱煮出咖啡液。
3　將B攪拌混合，加入2，倒回鍋中煮成咖啡英式蛋奶醬。
4　在3中加入用水泡軟的吉利丁片，過濾。
5　分3等份倒入模型中，放入冷凍室冷凍凝固。

〈咖啡巧克力慕斯〉
（33cm×8cm×高4cm的模型3個份／2.8cm×8cm33個份）
56%巧克力（法芙娜公司「卡拉庫巧克力（Caraoue）」）　400g
A｜加糖蛋黃　120g
　｜全蛋　50g
B｜白砂糖　66g
　｜水（礦泉水）　60g
C｜咖啡濃縮精（Coffee toque blanche）　28g
　｜拿破崙雅馬邑白蘭地酒（Napoleon armagnac）　10g
35%鮮奶油　500g

1　巧克力隔水加熱至40～42℃融化備用。
2　將A混合打散，加入煮沸的B，隔水加熱至80℃。
3　在2中加入C，過濾。用攪拌器攪打發泡變黏稠。
4　將鮮奶油攪打至六分發泡，放入冷藏室冷卻至10℃，其中半量混入1
　中，讓它充分乳化，直到泛出光澤變細滑為止。
5　將3混入4中，別壓碎氣泡，中途換橡皮刮刀，加入剩餘的鮮奶油混合。

〈巧克力酥片〉（2.8cm×8cm×4cm90～95個份）
發酵奶油　100g
紅糖　100g
A｜杏仁粉　100g
　｜鹽　2g
　｜低筋麵粉　85g
　｜可可粉　15g
64%巧克力　28g

1　將發酵奶油和紅糖用攪拌器混合。
2　將融化的巧克力加入1中混合。
3　將A混合過篩，加入2中混合。
4　將3靜置一晚，用5mm方目網篩過濾，放入150℃烤箱中烘烤25分鐘。

〈黑巧克力淋面〉（約6個份）
A｜35%鮮奶油　180g
　｜水（礦泉水）　180g
B｜白砂糖　250g
　｜可可粉　96g
吉利丁片　12g

1　將A煮沸，加入B中。
2　在1中，放入用水泡軟的吉利丁片讓它融合。

〈組合和完成〉
1　在33cm×8cm×高4cm的長方形模型中，鋪入榛果達克瓦茲蛋糕體，依
　序放上巧克力淋醬、榛果達克瓦茲蛋糕體，倒入咖啡巧克力慕斯至模型
　高度的一半，放上咖啡烤布蕾，再放上咖啡巧克力慕斯。
2　將1放入冷凍室冷凍凝固。
3　將2脫模，上面塗上黑巧克力淋面，切成11等份，側面貼上巧克力酥片。

蘭姆葡萄乾蛋糕　圖片→P80

〈可麗餅（Galette）〉（3cm×8cm約150片份）
無鹽奶油　500g
A｜紅糖　50g
　｜糖粉　200g
　｜鹽　6g
　｜香草莢（僅種子）　1/2根份
B｜蛋黃　6個份
　｜蘭姆酒　13ml
　｜蜂蜜　10g

C｜低筋麵粉　500g
　｜泡打粉　2g

1　在柔軟的無鹽奶油中加入A，攪拌混合。
2　在1中依序加入B，每次加入都要混合。
3　將C混合過篩，加入2中混合，麵團揉成一團後用保鮮膜包好，放入冷藏
　室一晚讓它鬆弛。
4　將3擀成2mm厚，放入150℃的烤箱中烘烤約20分鐘，趁未冷前切成
　3cm×8cm的大小。

〈楓糖裘康地杏仁蛋糕體〉（60cm×40cm的烤盤1片份）
全蛋　224g
A｜楓糖　60g
　｜杏仁粉　170g
蛋白　136g
白砂糖　58g
無鹽奶油　40g

1　在打散的全蛋中，加入已混合篩過的A，攪打發泡直到變黏稠。
2　蛋白中加入白砂糖，攪打發泡製作賣實的蛋白霜。
3　在1中加入2混合，加入融化的無鹽奶油混合。
4　將3倒入烤盤中，放入180℃的烤箱中烘烤約8分鐘。

〈伯爵紅茶鮮奶油〉（33cm×8cm的長方形模型5～6個份）
紅茶（伯爵紅茶）　46g
水　適量
35%鮮奶油　500ml
鮮奶　500ml
蛋黃　200g
白砂糖　100g
吉利丁片　10g
無鹽奶油　80g
拿破崙雅馬邑白蘭地酒　8g

1　在鍋裡加入紅茶葉和水開火加熱，讓葉片展開。
2　在1中加入鮮奶油和鮮奶加熱，煮出紅茶液。
3　將蛋黃和白砂糖攪拌混合，一面過濾2，一面加入其中，迅速混合。
4　將3倒回鍋中開小火加熱，一面混合，一面煮成英式蛋奶醬。
5　在4中，加入用水泡軟的吉利丁片，過濾。
6　將5的攪拌盆底泡入冰水中冷卻，稍微變涼後加入無鹽奶油讓它融化，
　加入雅馬邑白蘭地酒增加香味。
7　倒入模型中，放入冷凍室讓它凝固。

〈蘭姆葡萄乾慕斯〉（33cm×8cm的長方形模型5～6個份）
35%鮮奶油　264ml
鮮奶　264ml
加糖蛋黃　102g
吉利丁片　12g
白巧克力　1000g
蘭姆酒漬葡萄乾　180g
蘭姆酒　14ml
無糖發泡鮮奶油　980g
※葡萄乾用熱水洗淨，放入蘭姆酒中浸漬2天～1週時間備用。

1　將鮮奶油和鮮奶混合加熱，加入蛋黃中混合。
2　將1倒回鍋中開小火加熱，煮成英式蛋奶醬，加入用水泡軟的吉利丁片
　混合。
3　將2一面過濾，一面加入白巧克力混合，讓它充分乳化。
4　在3中加入切碎的葡萄乾、蘭姆酒混合，加入無糖發泡鮮奶油混合。

〈組合和完成〉
白巧克力淋面★、白巧克力、蘭姆酒醃漬葡萄乾、金箔

1　在33cm×8cm×高4cm的長方形模型底部鋪上可麗餅，依序疊上楓糖裘
　康地杏仁蛋糕體、蘭姆葡萄乾慕斯、伯爵紅茶鮮奶油，再在模型中倒滿
　蘭姆葡萄乾慕斯，放入冷藏室冷藏凝固。
2　將蛋糕脫模，淋上白巧克力淋面，切成3cm寬，裝置上白巧克力裝飾、蘭
　姆酒醃漬葡萄乾和金箔。

★白巧克力淋面
將鮮奶（154g）和水飴（36g）煮沸，加入吉利丁片（4g），再加入白巧克
力（240g）中讓它乳化。

TITLE

10大名店幸福小蛋糕主廚代表作

STAFF

出版	瑞昇文化事業股份有限公司
編著	永瀬正人
譯者	沙子芳

總編輯	郭湘齡
責任編輯	林修敏
文字編輯	王瓊苹　黃雅琳
美術編輯	謝彥如
排版	二次方數位設計
製版	明宏彩色照相製版股份有限公司
印刷	皇甫彩藝印刷股份有限公司
法律顧問	經兆國際法律事務所　黃沛聲律師

戶名	瑞昇文化事業股份有限公司
劃撥帳號	19598343
地址	新北市中和區景平路464巷2弄1-4號
電話	(02)2945-3191
傳真	(02)2945-3190
網址	www.rising-books.com.tw
Mail	resing@ms34.hinet.net

本版日期	2016年1月
定價	400元

國家圖書館出版品預行編目資料

10大名店幸福小蛋糕主廚代表作 ／
永瀬正人編著；沙子芳譯.
-- 初版. -- 新北市：瑞昇文化，2013.08
112面；21x29公分

ISBN 978-986-5957-79-7 (平裝)

1.餐飲業 2.點心食譜 3.日本

483.8   102014335

NINKI PATISSIER GA OSHIERU HYOUBAN PUTIT GATO
© ASAHIYA SHUPPAN CO.,LTD. 2013
Originally published in Japan in 2013 by ASAHIYA SHUPPAN CO.,LTD..
Chinese translation rights arranged through DAIKOUSHA INC.,KAWAGOE.